青少年人工智能与编程系列丛书

# 跟我学 人工智能编程 二级

胡文心 郑骏 主编

清華大學出版社
北京

## 内 容 简 介

本书以团体标准《青少年编程能力等级 第5部分：人工智能编程》(T/CERACU/AFCEC 100.5—2022)(以下简称：人工智能编程能力等级标准)为依据，旨在引导青少年走进人工智能编程的世界，开启人工智能编程学习之门。本书共设4个单元，内容覆盖人工智能编程能力等级标准二级，共10个知识点。第1单元为人工智能的基础知识(共3节)，主要介绍人类智能与人工智能的区别。第2单元为人工智能编程(共2节)，主要介绍人工智能图形化编程中的人工智能语音识别指令，完成简单的人工智能程序开发。第3单元为人工智能典型应用(共3节)，主要介绍人工智能中语言识别计时器、图像识别和传感器的工作方式，创作出具体应用案例，让人工智能成为我们生活中的好帮手。第4单元为人工智能历史与未来(共3节)，带领学生一起走进人工智能的历史，了解人工智能技术的发展过程及其面临的挑战，畅想未来人工智能生活。

本书是中小学人工智能编程基础学习的理想教材，同时适合报考全国青少年编程能力等级考试(PAAT)人工智能编程二级科目的考生选用。



**图书在版编目(CIP)数据**

跟我学人工智能编程二级 / 胡文心，郑骏主编 .
北京：清华大学出版社，2024. 6. --(青少年人工智能与编程系列丛书). -- ISBN 978-7-302-66549-6

Ⅰ. TP18-49

中国国家版本馆 CIP 数据核字第 2024V3X740 号

**责任编辑：** 谢 琛
**封面设计：** 刘 键
**责任校对：** 王勤勤
**责任印制：** 刘海龙

**出版发行：** 清华大学出版社
**网 址：** https://www.tup.com.cn，https://www.wqxuetang.com
**地 址：** 北京清华大学学研大厦A座 **邮 编：** 100084
**社 总 机：** 010-83470000 **邮 购：** 010-62786544
**投稿与读者服务：** 010-62776969, c-service@tup.tsinghua.edu.cn
**质量反馈：** 010-62772015, zhiliang@tup.tsinghua.edu.cn
**课件下载：** https://www.tup.com.cn,010-83470236
**印 装 者：** 三河市铭诚印务有限公司
**经 销：** 全国新华书店
**开 本：** 185mm×260mm **印 张：** 6 **字 数：** 83千字
**版 次：** 2024年7月第1版 **印 次：** 2024年7月第1次印刷
**定 价：** 59.00元

产品编号：102583-01

# 编写人员名单

丛书主编：郑　莉

主　　编：胡文心　郑　骏

编 委 会：（按字母拼音排序）

曹月阳　高淑印　龚　乐　黄鸣曦　赖文辉

刘冠承　宋家友　王筱雯　余少勇　张金涛

# 序
# Preface

为了规范青少年编程教育培训的课程、内容规范及考试，全国高等学校计算机教育研究会于 2019—2022 年陆续推出了一套《青少年编程能力等级》团体标准，包括以下 5 个标准：

- 《青少年编程能力等级 第 1 部分：图形化编程》(T/CERACU/AFCEC/SIA/CNYPA 100.1—2019)
- 《青少年编程能力等级 第 2 部分：Python 编程》(T/CERACU/AFCEC/SIA/CNYPA 100.2—2019)
- 《青少年编程能力等级 第 3 部分：机器人编程》(T/CERACU/AFCEC 100.3—2020)
- 《青少年编程能力等级 第 4 部分：C++ 编程》(T/CERACU/AFCEC 100.4—2020)
- 《青少年编程能力等级 第 5 部分：人工智能编程》(T/CERACU/AFCEC 100.5—2022)

本套丛书围绕这套标准，由全国高等学校计算机教育研究会组织相关高校计算机专业教师、经验丰富的青少年信息科技教师共同编写，旨在为广大学生、教师、家长提供一套科学严谨、内容完整、讲解详尽、通俗易懂的青少年编程培训教材，并包含教师参考书及教师培训教材。

这套丛书的编写特点是学生好学、老师好教、循序渐进、循循善诱，并且符合青少年的学习规律，有助于提高学生的学习兴趣，进而提高教学效率。

学习，是从人一出生就开始的，并不是从上学时才开始的；学习，是无处不在的，并不是坐在课堂、书桌前的事情；学习，是人与生俱来的本能，也是人类社会得以延续和发展的基础。那么，学习是快乐的还是枯燥的？青少年学习编程是为了什么？这些问题其实也没有固定的答案，一个人的角色不同，便会从不同角度去认识。

从小的方面讲，“青少年人工智能与编程系列丛书”就是要给孩子们一套易学易懂的教材，使他们在合适的年龄选择喜欢的内容，用最有效的方式，愉快地学点有用的知识，通过学习编程启发青少年的计算思维，培养提出问题、分析问题和解决问题的能力；从大的方面讲，就是为国家培养未来人工智能领域的人才进行启蒙。

学编程对应试有用吗？对升学有用吗？对未来的职业前景有用吗？这是很多家长关心的问题，也是很多培训机构试图回答的问题。其实，抛开功利，换一个角度来看，一个喜欢学习、喜欢思考、喜欢探究的孩子，他的考试成绩是不会差的，一个从小善于发现问题、分析问题、解决问题的孩子，未来必将是一个有用的人才。

安排青少年的学习内容、学习计划的时候，的确要考虑“有什么用”的问题，也就是要考虑学习目标。如果能引导孩子对为他设计的学习内容爱不释手，那么教学效果一定会好。

青少年学一点计算机程序设计，俗称“编程”，目的并不是要他能写出多么有用的程序，或者很生硬地灌输给他一些技术、思维方式，要他被动接受，而是要充分顺应孩子的好奇心、求知欲、探索欲，让他不断发现“是什么”“为什么”，得到“原来如此”的豁然开朗的效果，进而尝试将自己想做的事情和做事情的逻辑写出来，交给计算机去实现并看到结果，获得“还可以这样啊”的欣喜，获得“我能做到”的信心和成就感。在这个过程中，自然而然地，他会愿意主动地学习技术，接受计算思维，体验发现问题、分析问题、解决问题

的乐趣，从而提升自身的能力。

我认为在青少年阶段，尤其是对年龄比较小的孩子来说，不能过早地让他们感到学习是压力、是任务，而要学会轻松应对学习，满怀信心地面对需要解决的问题。这样，成年后面对同样的困难和问题，他们的信心会更强，抗压能力也会更强。

针对青少年的编程教育，如果教学方法不对，容易走向两种误区：第一种，想做到寓教于乐，但是只图了个“乐”，学生跟着培训班“玩儿”编程，最后只是玩儿，没学会多少知识，更别提能力了，白白占用了很多时间，这多是因为教材没有设计好，老师的专业水平也不够，只是哄孩子玩儿；第二种，选的教材还不错，但老师只是严肃认真地照本宣科，按照教材和教参去“执行”教学，学生很容易厌学、抵触。

本套丛书是一套能让学生爱上编程的书。丛书体现的“寓教于乐”，不是浅层次的“玩乐”，而是一步一步地激发学生的求知欲，引导学生深入计算机程序的世界，享受在其中遨游的乐趣，是更深层次的“乐”。在学生可能有疑问的每个知识点，引导他去探究；在学生无从下手不知如何解决问题的时候，循循善诱，引导他学会层层分解、化繁为简，自己探索解决问题的思维方法，并自然而然地学会相应的语法和技术。总之，这不是一套“灌”知识的书，也不是一套强化能力“训练”的书，而是能巧妙地给学生引导和启发，帮助他主动探索、解决问题，获得成就感，同时学会知识、提高能力的一套书。

丛书以《青少年编程能力等级》团体标准为依据，设定分级目标，逐级递进，学生逐级通关，每一级递进都不会觉得太难，又能不断获得阶段性成就，使学生越学越爱学，从被引导到主动探究，最终爱上编程。

优质教材是优质课程的基础，围绕教材的支持与服务将助力优质课程。初学者靠自己看书自学计算机程序设计是不容易的，所以这套教材是需要有老师教的。教学效果如何，老师至关重要。为老师、学校和教育机构提供良好的服

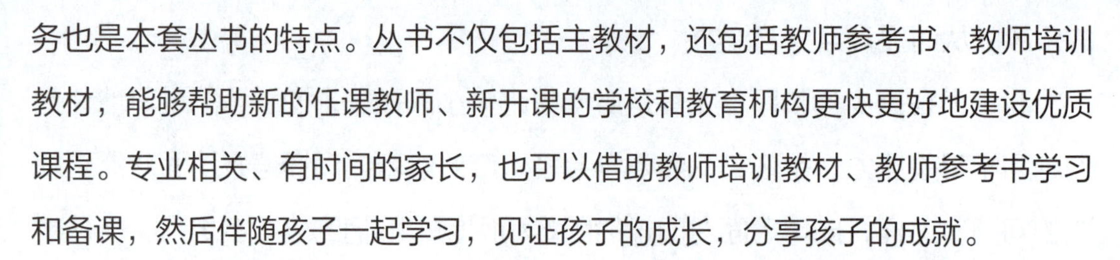

务也是本套丛书的特点。丛书不仅包括主教材，还包括教师参考书、教师培训教材，能够帮助新的任课教师、新开课的学校和教育机构更快更好地建设优质课程。专业相关、有时间的家长，也可以借助教师培训教材、教师参考书学习和备课，然后伴随孩子一起学习，见证孩子的成长，分享孩子的成就。

成长中的孩子都是喜欢玩儿游戏的，很多家长觉得难以控制孩子玩儿计算机游戏。其实比起玩儿游戏，孩子更想知道游戏背后的事情，学习编程，让孩子体会到为什么计算机里能有游戏，并且可以自己设计简单的游戏，这样就揭去了游戏的神秘面纱，而不至于沉迷于游戏。

希望这套承载着众多专家和教师心血、汇集了众多教育培训经验、依据全国高等学校计算机教育研究会团体标准编写的丛书，能够成为广大青少年学习人工智能知识、编程技术和计算思维的伴侣和助手。

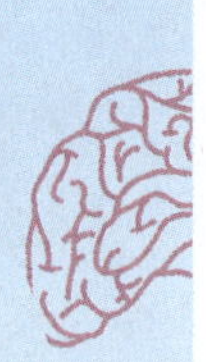

清华大学计算机科学与技术系教授　郑　莉<br>2022 年 8 月于清华园

# 前言
Foreword

目前，人工智能技术的探索和应用是全球关注的焦点，OpenAI 公司的 ChatGPT 更成为当下的热门话题。随着技术的进步，人工智能的应用潜力与社会价值正在不断得到体现，并改变着人们的生产和生活，也影响着未来人才的培养方向。掌握人工智能技术，是未来国家竞争的焦点，也是各国追逐的目标。随着我国人工智能相关政策的发布，人工智能教育也将成为未来教育发展的一个重要领域。

对新技术的开发和应用需以教育为基础。然而，在我国的基础教育中，人工智能普及教育尚在起步阶段，人工智能教学面临师资严重不足、教师专业能力较低、人工智能课程缺乏规范性、系统性、专业性，实用性和趣味性也较为欠缺等一系列问题。

本书以团体标准《青少年编程能力等级 第 5 部分：人工智能编程》(T/CERACU/AFCEC 100.5—2022)(简称《标准》)为依据，内容覆盖人工智能编程二级，共 10 个知识点。作者充分考虑二级对应的青少年年龄阶段的学业适应度，形成了以主题活动为主要形式，知识性、趣味性、实践性与能力素养、信息安全意识锻炼相融合的一本适合学生学习和教师讲授的教材。

本书通过跨学科主题活动的形式让学生理解身边的人工智能，并融合了《标准》"知识与能力"和"测评"。以《标准》界定"知识与能力"，以"知识与能力"约束"测评"，是本书的编撰原则和核心特色，用规范性、科学性较强的教材，推动青少年人工智能编程教育的规范化，培养青少年的信息意识、

信息责任、计算思维和跨学科综合能力，塑造面向未来的信息科技与人工智能人才。

本书由华东师范大学胡文心、郑骏教授组织编写并统稿。全书共分 4 个单元，其中第 1 单元、第 4 单元由骆昱宇、曹月阳、赵旭颖、黄鸣曦撰写，第 2 单元、第 3 单元由余少勇、宋家友、赖文辉撰写。

本书的编写由威盛电子（中国）有限公司提供案例及技术支持。全国高等学校计算机教育研究会 - 清华大学出版社联合教材工作室对本书的编写给予了大力的协助。“全国青少年编程能力等级考试（PAAT）”考试委员会对本书给予了全面的指导。在此对上述机构、专家、学者、同仁一并表示深深的感谢！

祝同学们和老师们通过本书的学习，开启人工智能编程学习之门，未来成为信息科技与人工智能时代的原住民。

作　者

2024 年 3 月

# 目录
Contents

# 第 1 单元

# 人工智能的基础知识

“人工智能”已悄然来到我们身边，并且极大地影响着我们的生活，那么你知道什么是人工智能吗？人工智能的三要素又是什么呢？你觉得人工智能和人类智能有什么关联与区别呢？人工智能可以取代人类智能吗？带着这些问题与思考，一起来开启本单元的学习吧！

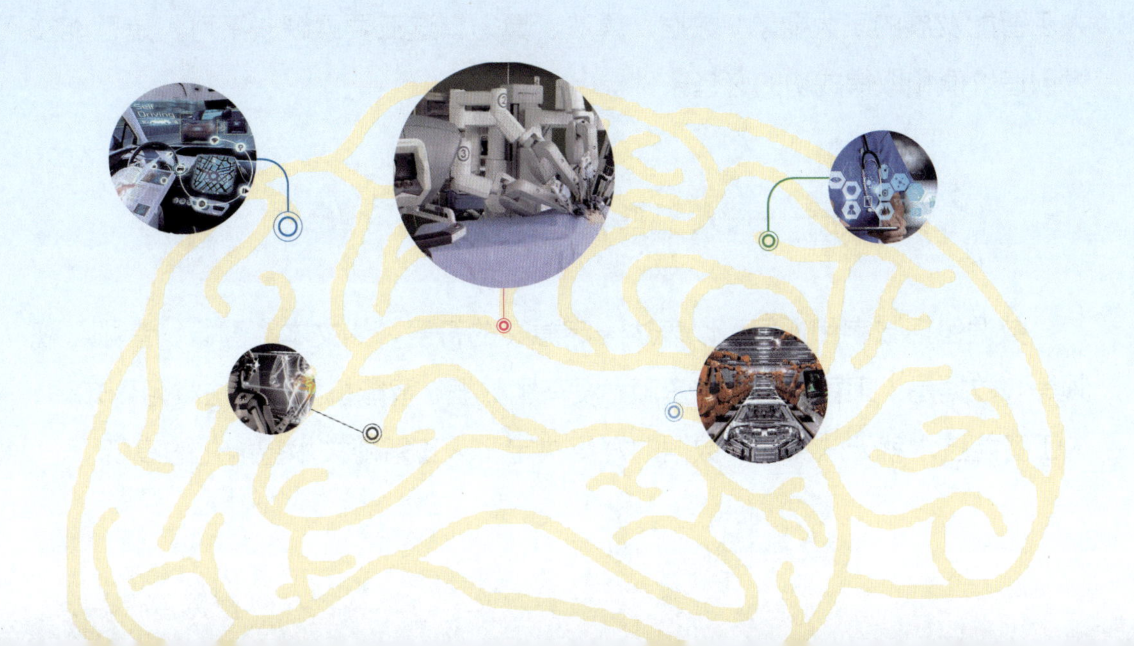

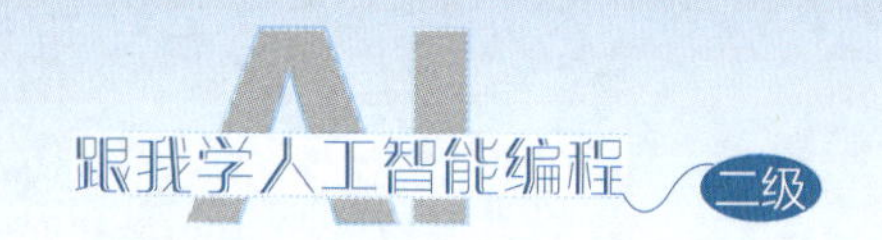

## 1.1 探究：人工智能的“背后”

**学习目标**

- 能够说出人工智能三要素（数据、算法、算力）的定义及其主要内容。
- 能够说出人工智能三要素之间的关系。

如图 1-1 所示，如果你去购物，智能客服会为你选择最合适的门店和送货员；如果你买了东西，智能购物机会为你自动计算价格；当你回到家中，智慧管家已为你调节好室温，洗好衣服，准备好美食。这些“人工智能”的应用已悄然来到我们身边。

图 1-1

人工智能，英文缩写为 AI。人工智能的出现大大地影响了我们的生活，给我们带来很大的便利。那么，是什么让人工智能具有如此的魔力呢？这归功于人工智能发展的三大要素：数据、算法、算力，这三要素缺一不可，是智能技术创造价值和取得成功的必备条件。

### 1.1.1 数据——人工智能的粮食

数据包括数字和任何可以表达一定意义的符号，如文本、图像、音频、视频等。数据是人工智能的学习资源，没有了数据，智能机器就无法学习到知识，人工智能技术就无法实现。数据的好坏决定了人工智能技术智能化的高低。

什么是数据呀？是很多的数字么？

数据不仅是数字。数据包含数字、文本、图像、音频、视频等任何可以表达一定意义的符号。

我们去坐地铁时会留下进出站数据；去图书馆借书会留下借书数据；在学校学习会留下成长数据等；手机和无处不在的摄像头、传感器等设备都在产生和积累着数据。因为数据呈爆发式增长，所以这个时代也被称为大数据时代。

## 1.1.2 算法——人工智能的大脑

算法是解决某个问题的方法、步骤，是人工智能程序与非人工智能程序的核心区别。如果没有算法，数据只能算是一个看起来比较高大上的资源库而已。没有算法的设计，相当于把一大堆的资源堆积了起来，既不能挖掘数据的价值，也没有有效的应用。所以算法就是使资源得到有效利用的思想和灵魂。和数据、算力相比，算法更加依赖于个人的思想。比如在同一家公司里，公司可以给每个工程师配备同样的数据资料和算力资源，但是每个工程师设计出来的算法可能不一样，而算法的差异最终导致机器智能程度的千差万别。

**你知道吗？**

传统的对象识别模式是由研究人员事先将对象抽象成一个模型，再用算法把模型表达出来，并输入计算机。这种人工抽象的方法具有非常大的局限性，识别率也很低。

幸运的是，科学家从婴儿身上得到了启发。没有人教过婴儿怎么“看”，但是孩子可以自己从真实世界里自学。如果把孩子的眼睛当作是一台生物照相机的话，那这台相机平均每200毫秒就拍一张照——这是眼球转动一次的平均时间。到孩子3岁的时候，这台生物照相机已经拍摄过上亿张真实世界的照片。

这给科学家很好的启发：能不能给计算机看非常非常多"猫"的图片，让计算机自己抽象出"猫"的特征，自己去理解什么是"猫"。这种方法被称为机器学习。工程师们就采用这种机器学习方法开发出了猫脸识别系统，而且准确度非常高。目前机器学习算法是主流算法，是一类从数据分析中获得规律，并利用规律对未知数据进行预测的算法。

## 1.1.3 算力——人工智能的身体

算力，也称作计算力，是衡量计算机计算能力的指标。小到手机、个人计算机，大到超级计算机，都拥有算力。

算力对于人工智能，如同厨房的煤气火焰的大小对于美味佳肴一样。有了大数据和算法之后，需要进行训练、不断地训练，算力为人工智能提供了基本的计算能力的支撑，本质是一种基础设施的支撑。

有了大数据和先进的算法，还得有处理大数据和执行先进算法的计算能力。每个智能系统都含有一套强大的计算系统。

算力在一定程度上代表了人工智能系统的运行速度和效率。当前，随着人工智能算法模型的复杂度和精度愈来愈高，互联网和物联网产生的数据呈几何倍数增长，在数据规模和算法模型的双层叠加下，人工智能对算力的需求越来越大。

一般来说算力越大，则实现更高级人工智能的可能性也越大。算力已成为评价人工智能研究成本的重要指标。可以说，算力即是人工智能的生产力。

**你知道吗?**

超级计算机是一个国家科技发展水平和综合国力的反映，图 1-2 展示了天河超级计算机。没有超级计算机，天气预报不可能预报 15 天，中国的大飞机研制不可能进展如此之快。另外，核武器的爆炸模拟、地震预警、药物研发等领域也离不开超级计算机。在 2022 年上半年的全球超级计算机 500 强榜单中，中国的“神威·太湖之光”和“天河二号”分别位列第六和第九。中国的神威 · 太湖之光，峰值性能达每秒 12.5 亿亿次，运算速度相当于普通家用计算机的 200 万倍，神威 · 太湖之光一分钟的运算量需要全球 72 亿人用计算器不间断运算 32 年。

图 1-2

数据是基础，没有数据，人工智能根本没办法工作。所以数据是最重要的。

不对，算法才是最重要的，没有好的算法，人工智能根本无法实现。但是没有算力的支撑，一切都是空谈，所以算力才是最重要的。

数据、算法、算力，这三要素缺一不可，都是人工智能创造价值和取得成功的必备条件。

## 1.1.4 数据、算法、算力的关系

经过上面的学习，相信大家已经对人工智能的三要素：数据、算法、算力有了一定的了解，如图 1-3 所示。这三要素缺一不可，都是人工智能取得如此成就的必备条件。那么这三者之间有什么关系呢？

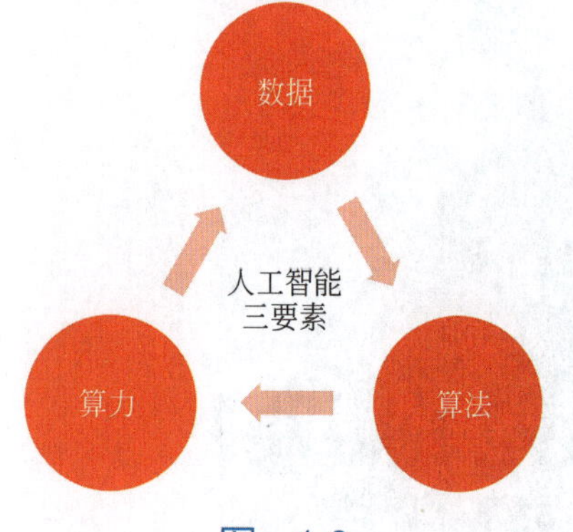


图 1-3

让我们一起通过盖楼这个应用场景来进一步了解吧。

- 数据相当于盖楼需要的水泥、钢筋等生产原料。
- 算力就相当在盖楼期间使用的人力、使用机械运输和加工等工作能力。
- 算法就相当于盖楼的方法和流程。

庞大的数据、先进的算法、强大的算力，是每个人工智能应用和系统背后都缺少不了的三要素。

**练一练**

下面要素中不属于人工智能构成要素的是（　　）。

A. 算法　　B. 数据　　C. 程序　　D. 算力

**【参考答案】**

C

## 1.2 “听”与“看”

**学习目标**

- 能够说出语音识别和图像识别的定义。
- 能够举例说明语音识别与图像识别在生活中的应用场景及其功能。

如今，智能音箱在我们的生活中已经越来越普遍了，如图 1-4 所示。智能音箱不仅能陪我们聊天、说话，也给我们的生活带来很大的便利。智能音箱为什么能听懂我们说话，还能回答问题呢？

图 1-4

大家思考一下，我们在平时的生活中是如何交流的呢？在交流中会调动哪些器官呢？首先需要用耳朵去听，听到后需要大脑去思考这些话的含义，并且思考如何回应，最后用嘴巴讲出要表达的话。那么，智能音箱是如何实现交流的呢？它们是否也有自己的耳朵、大脑和嘴巴呢？

### 1.2.1 语音识别

语音识别技术就是让机器听懂人类的语音，把语音信号转变为相应的文本或命令，它的核心任务是将人类的语音转化成文字，其主要应用有语音助手、智能音箱、天气助手、地图导航等。

语音识别的过程可以分为语音输入、特征提取、语音解码和搜索、文本输出四个阶段，如图 1-5 所示。

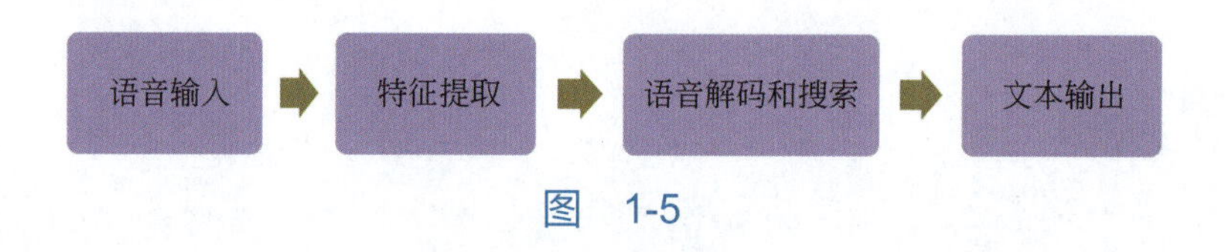


图 1-5

## 1.2.2 图像识别

在生活中，大家一定遇到过需要人脸识别的场景，如图 1-6 所示。比如在坐火车之前，人脸识别系统可以让购票的乘客顺利进站；在购物时，人脸识别可以让支付变得更加便捷；在拍照时，智能相机会通过人脸识别给用户提供最合适的妆容参考，让照片更加美丽。你知道这是如何实现的吗？是利用人工智能图像识别技术。

图 1-6

图像识别，是指利用计算机对图像进行处理、分析和理解，以识别各种不同模式的目标和对象的技术。图像识别技术可应用于人脸识别、物体识别、场景识别、动物识别、植物识别、商品识别等。

如图 1-7 所示，图像识别分四个步骤：图像采集及检测、图像处理、图像

特征提取、图像匹配与识别。

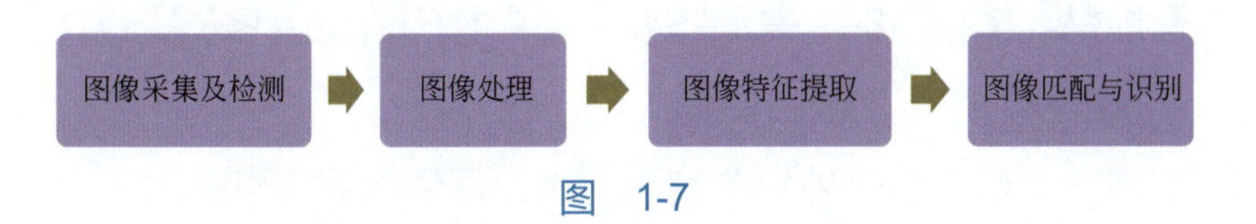


图 1-7

练一练

人工智能的语音识别可能不会应用在（　　）方面。

A. 电视机换频道　　　　B. 按键开关关灯

C. 下班回家开门　　　　D. 手机拨打电话

【参考答案】

B

## 1.3 人类智能与人工智能

学习目标

- 能够说出人类智能的定义。
- 能够解释人类智能与人工智能的异同。

### 1.3.1 人类智能

人类智能是人类认识世界和改造世界的才智和能力，是人类对世界从感知到思维再到行动的一系列过程。人类的劳动、学习和语言交往等活动都是“智”和“能”的统一，是人类独有的智能活动。意识是人类智能的一个重要方面。人的活动是有目的的、自觉的活动，离不开自己意识的主导。思维是人类智能的核心。人类智能的特点主要是思想，而思想的核心是思维。

人类智能是人类特有的，是动物界最高级别的智能，它主要包含三方面：感知能力、思维能力和行为能力。

- 感知能力：可以接受外界的刺激，比如耳朵能听到声音。
- 思维能力：可以对感知到的信息进行分析，并根据分析结果决定反应类型。
- 行为能力：可以根据思维分析的结果执行特定的行动。

## 1.3.2 人工智能发展的三阶段

人工智能发展的三阶段依次为：运算智能→感知智能→认知智能，如表 1-1 所示。

表 1-1 人工智能发展的三阶段

| 指标 | 运 算 智 能 | 感 知 智 能 | 认 知 智 能 |
|---|---|---|---|
| 特点 | 像人类一样会计算，传递信息 | 看懂和听懂，做出判断，能够采取一些简单行动 | 像人类一样能理解、思考与决策 |
| 应用 | 分布式计算 | 识别人脸的摄像头、听懂语言的音箱 | 无人驾驶汽车、自主行动的机器人 |

## 1.3.3 人工智能与人类智能的区别

多年来，科学家们通过向大脑学习，研究出人工神经网络（图 1-8）。人工神经网络主要学习的是认识事物的规律，即对识别的学习。

但是，比较人脑与人工神经网络，我们会发现两者之间存在很大的差异。首先，人脑具有非凡的创造力以及良好的学习能力，这是人工神经网络所欠缺的。其次，人脑不仅可以通过逻辑思维来评判一件事，同时也可以通过直觉和经验做出判断。人工神经网络并不具有这样的判断能力。另外，人脑中的数据信息处理是以神经细胞为单位的，而神经细胞的传递速度只能达到毫秒级，而计算机电子元件的传递速度可以达到纳秒级，因此，人脑的信息处理速度要比计算机慢得多。

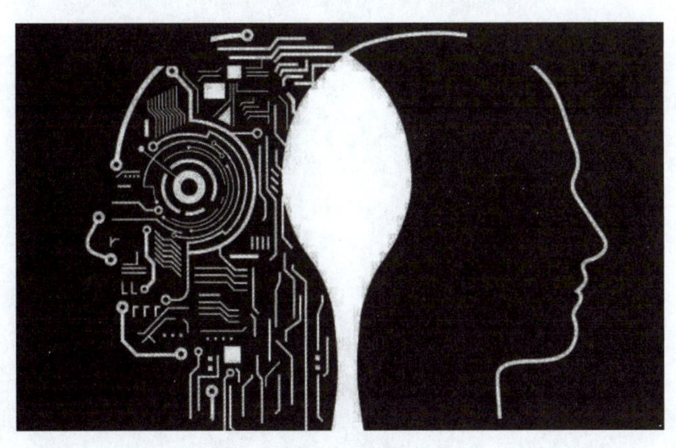

图 1-8

综上所述：

- 人工智能是无意识的、机械的、物理的过程，人类智能主要是生理和心理的过程。
- 人工智能没有社会性，人类智能有明显的社会性。
- 人工智能没有人类的意识所特有的、能动的创造能力。

练一练

人工智能没有（　　）能力。

A. 机械的物理过程　　B. 社会性活动

C. 简单的决策能力　　D. 计算能力

【参考答案】

B

# 第2单元

# 人工智能编程

上单元中，我们学习了人工智能的相关知识，对人工智能有了初步了解，接下来，我们要将学习到的知识应用到实践之中，通过算法以及编程创造属于我们自己的人工智能，用人工智能解决生活中遇到的小问题，为生活带来更多便利。

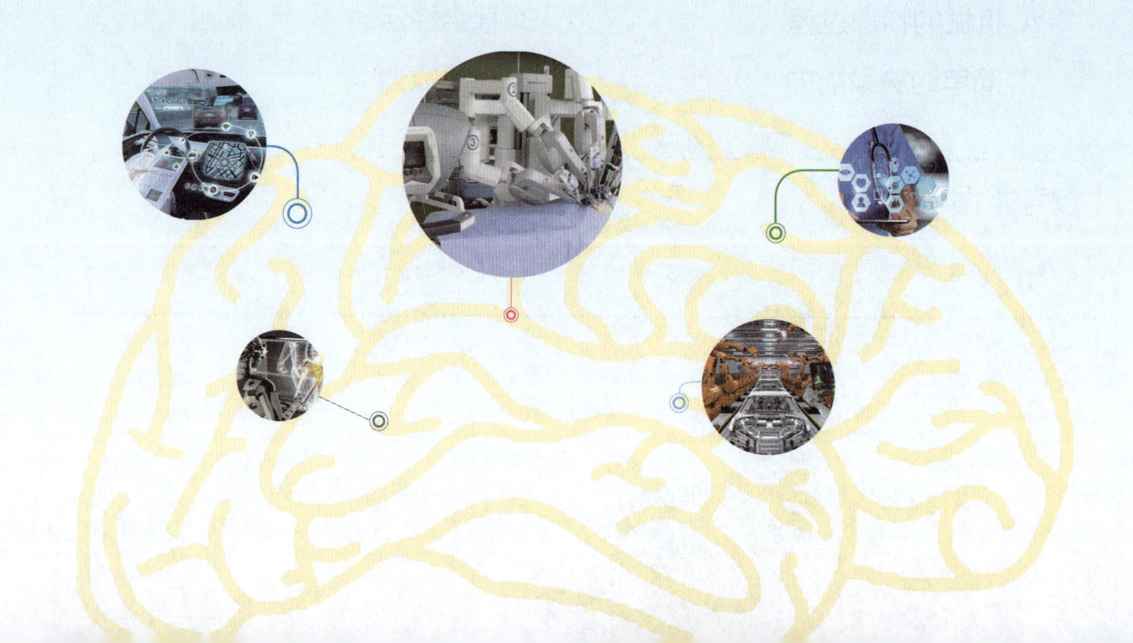

## 2.1 智能语音计算器

### 学习目标

- 掌握人工智能图形化编程平台中语音识别功能的使用方法。
- 能够根据任务要求，在图形化编程中使用人工智能语音识别指令，完成简单的人工智能应用程序的开发。

张阿姨的水果摊生意越来越好了，整天忙得不可开交，算账是让张阿姨最头疼的一件事情，因为算账既浪费时间，又容易算错，给张阿姨惹了不少麻烦。有没有什么好办法可以解决算账这件困扰张阿姨的事情呢？

张阿姨可以学习心算，学完之后就可以很快地算出来这些数字啦！

哎呀，这可把张阿姨难住了。有没有什么更容易上手的办法能帮到张阿姨呢？大家想想，我们之前在课上是不是学过语音识别，试想一下，假如人工智能可以识别张阿姨所说的话，是不是就能帮助张阿姨计算了呀？

同学们一起来思考一下，怎么才能让人工智能听懂张阿姨的话，完成计算，并且把最后的结果告诉张阿姨呢？人工智能要经历哪些步骤呢？

接下来，让我们一起通过编程来帮张阿姨解决问题，创造属于张阿姨的智能语音计算器吧。

## 编程流程

要制作一个“智能语音计算器”，我们要完成以下任务：

（1）新建作品。

（2）选择合适的角色和舞台背景。

（3）设置开启计算器的方式。

（4）让角色和智能硬件播报结果。

## 编一编

首先，我们需要在平台上选择“舞台编程”编程平台，将其命名为“智能语音计算器”，如图 2-1 所示。

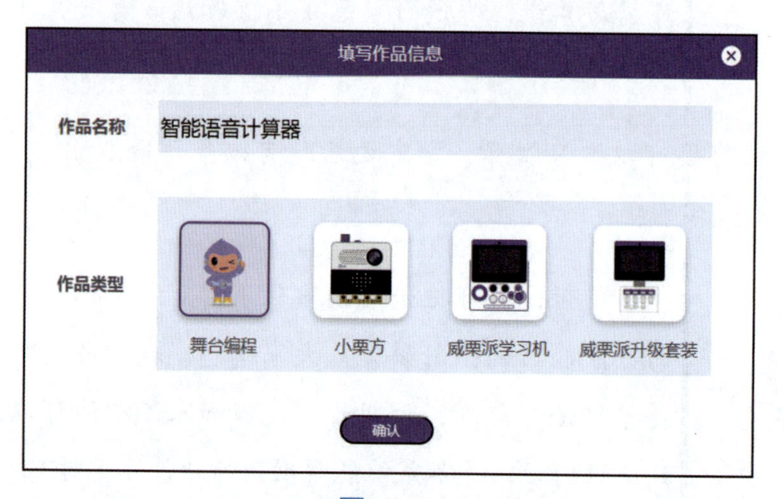


图 2-1

本次编程设计需要用到语音识别、文字朗读功能，我们需要将其扩展出来，如图 2-2 所示。

接下来，我们为舞台添加背景，选择“添加背景”按钮，如图 2-3 所示。

选择“Room 1”，如图 2-4 所示。

选择角色（ ），让其在指定位置，如图 2-5 所示。

图 2-2

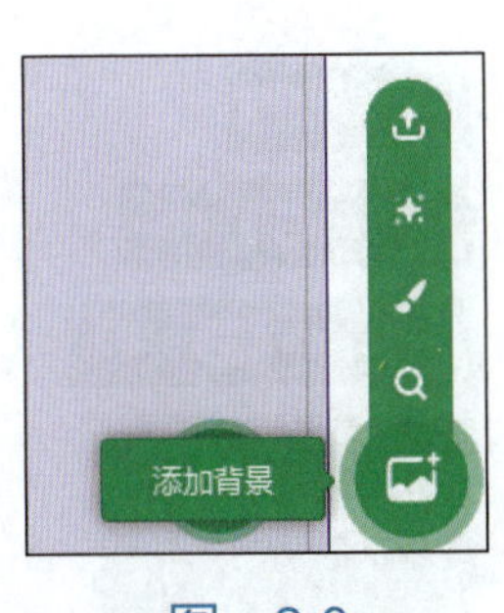


图 2-3

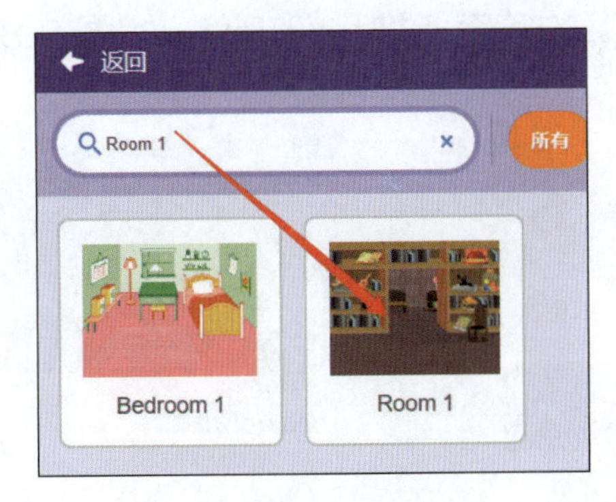


图 2-4

为了符合现实中的人物和物体大小关系，将角色大小设为 150，如图 2-6 所示。

图 2-5

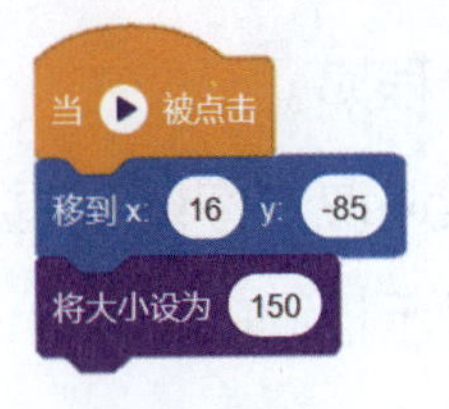


图 2-6

要想让角色听懂人们讲话，必须要为其设置语音识别功能，相关积木块如图 2-7 所示。要实现语音识别，需要先将要识别的内容设置好，然后将设置内容进行模型训练，在程序中使用“开始语音识别”积木块启动人工智能语音识别功能。

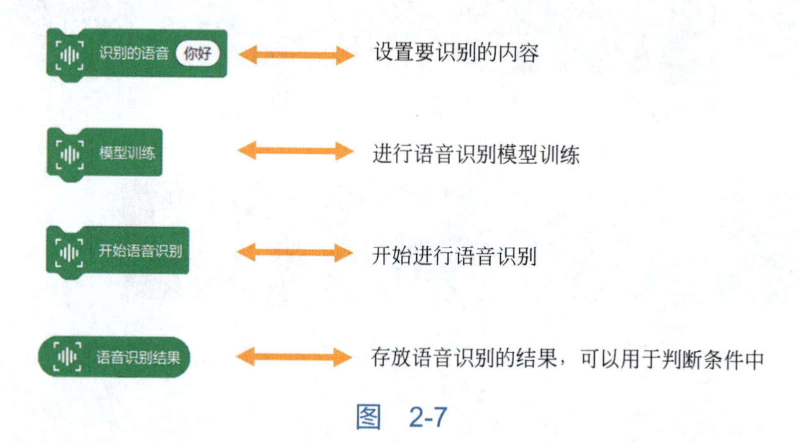


图 2-7

程序计算完成之后，需要把结果告诉我们，这时就需要文字朗读功能来保证它计算的答案能被我们知道，如图 2-8 所示。

图 2-8

- 朗读“你好”：使用语音朗读出指定的字符。
- 朗读“你好”直到结束：使用语音朗读出指定的字符，不读完不会向下执行程序。
- 边读边说“你好”直到结束：在朗读的同时，舞台上的角色会弹出说话框显示相同的文字。
- 使用“女声”嗓音：可以切换朗读的音色，男声或女声。
- 将语速设置为“正常”：可以调节朗读的速度，分为“慢”“正常”“快”。

接下来让我们一起来启动计算器，设置识别的语音“启动语音计算器”，并训练该模型，如图 2-9 所示。

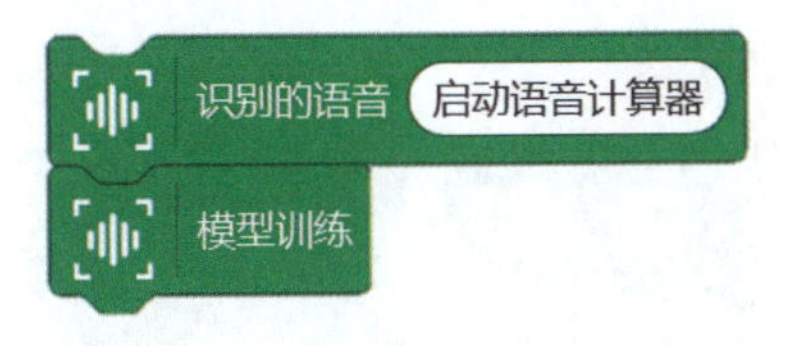


图 2-9

朗读“你好，欢迎体验语音计算功能，请说‘启动语音计算器’，来开启该功能。”，如图 2-10 所示。

图 2-10

在角色说完提示语之后，我们需要说“启动语音计算器”这一句话来使用计算功能。可是我们要在什么时候开始说这句话呢？角色从什么时候开始听呢？

我们可以使用提示音来实现二者的统一，如图 2-11 所示，添加声音。

将“B Piano”添加到声音库，如图 2-12 所示。

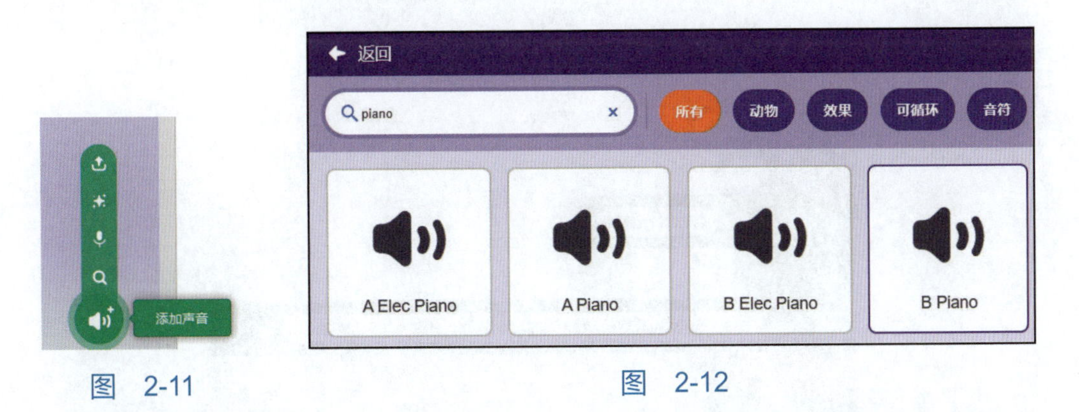


图 2-11　　图 2-12

在播放声音中选择“B Piano”，如图 2-13 所示。具体程序如图 2-14 所示。

进行到这里，必须要确保识别到的内容是“启动语音计算器”再开启计算功能，如果说的不是“启动语音计算器”，则不需要开启计算功能，添加“开始语音识别”指令，如图 2-15 所示。

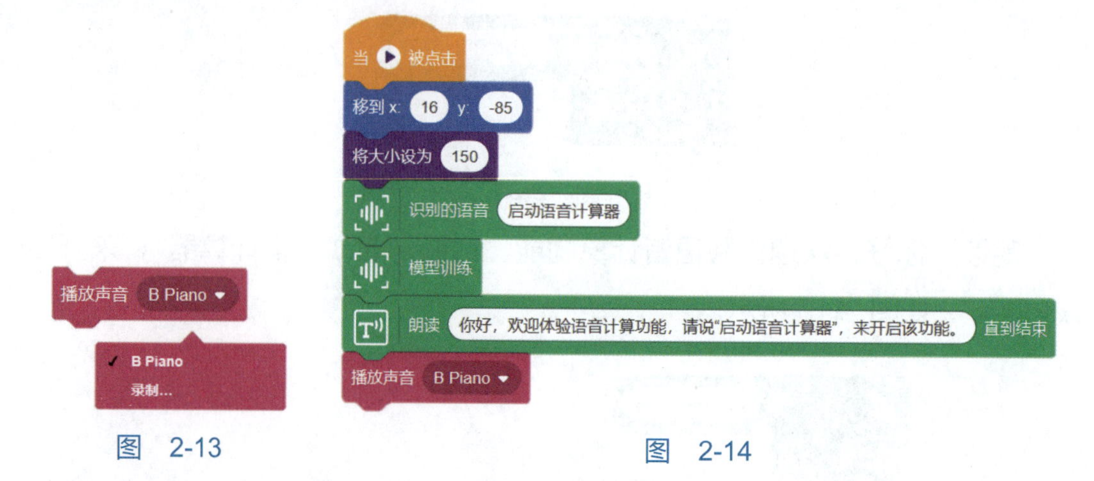


图 2-13　　图 2-14

重复执行，对比判断结果是不是“启动语音计算器”，如图 2-16 所示。

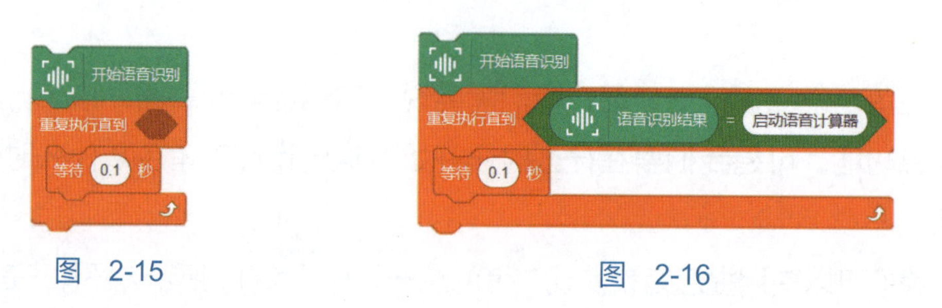


图 2-15　　图 2-16

将上述内容组合到程序中，如图 2-17 所示。

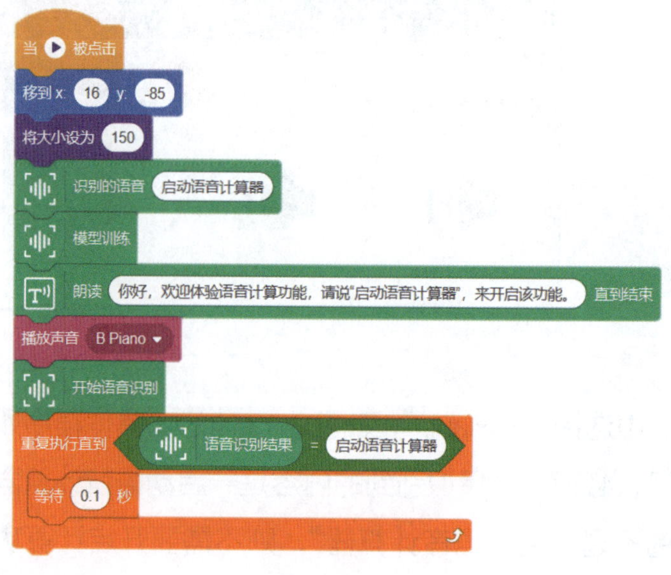


图 2-17

输入语音提示“正在启动语音计算器，请稍后”以及“启动完成，按下小栗方上的按钮开启”来强调需要按下按钮再启动语音计算功能，如图 2-18 所示。

按下按钮后开启语音计算器，如图 2-19 所示。

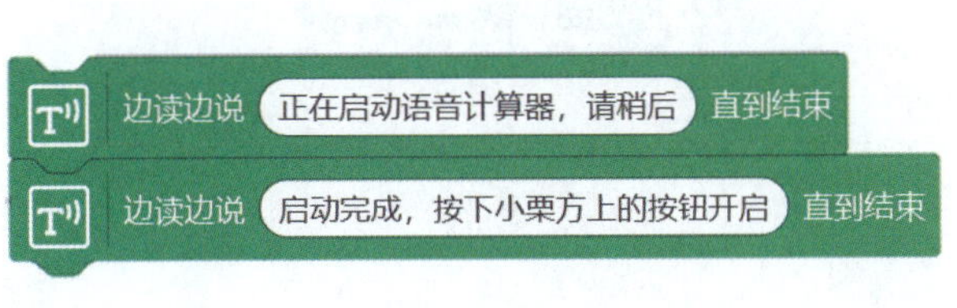


图 2-18

图 2-19

启动语音计算器后开始语音交互，计算完毕后边读边说语音计算结果，如图 2-20 所示。

在点阵屏上显示结果，如图 2-21 所示。

完整程序展示如图 2-22 所示。

图 2-20

图 2-21

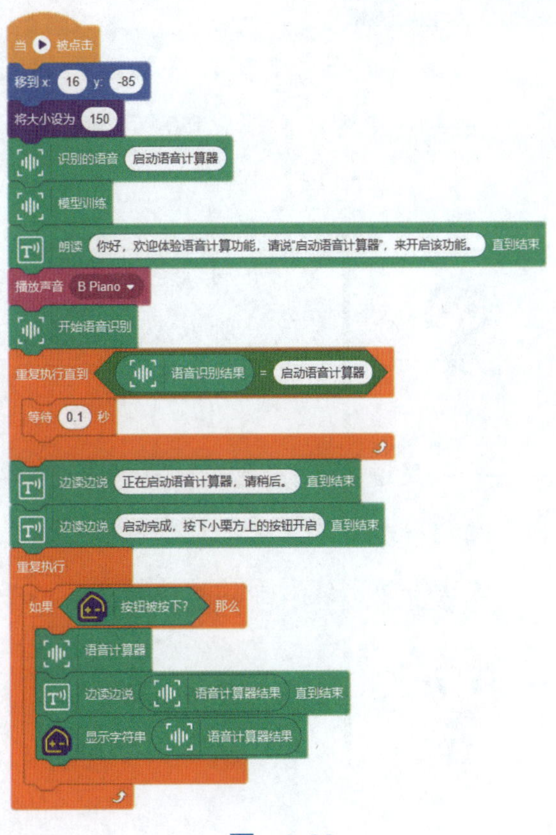


图 2-22

## 练一练

下列指令中属于人工智能语音识别类积木块的是（　　）。

A. 说 你好! 2 秒　　　　B. ( + )

C. 播放声音 B Piano　　　　D. 识别的语音 启动语音计算器

【参考答案】

D

## 2.2 垂钓时刻

### 学习目标

• 能够根据任务要求，在图形化编程中使用人工智能语音识别指令，运用人工智能图形化编程平台控制人工智能硬件。

下周我爸爸要去钓鱼，但是因为我那个时间段有语文考试，所以没办法跟爸爸一起去钓鱼了，好难过呀，好想体验一下钓鱼啊！

太遗憾了，小智。这样的话，同学们可以帮帮小智吗？咱们一起用计算机来帮小智实现线上垂钓吧。我们一起来思考一下，线上垂钓的场景都有哪些元素呢？

垂钓需要有小河、小鱼、鱼竿、鱼钩，还有鱼饵。

小惠说得非常棒，垂钓当然也需要我们的主人公小智啦！

明确了这些要素之后，同学们再继续思考一下垂钓的流程吧！

## 编程流程

要制作线上垂钓活动，我们要完成以下任务：

（1）新建作品。

（2）选择、设计合适的角色和舞台背景。

（3）编写鱼竿角色的程序。

（4）编写小鱼角色的程序。

（5）增加音效和鱼上钩的效果。

## 编一编

（1）我们需要在平台上选择“舞台编程”编程平台，将新作品命名为“垂钓模拟器”，如图 2-23 所示。

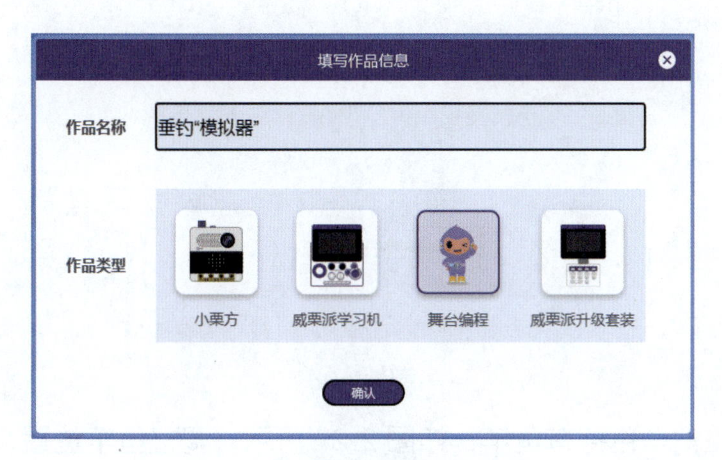


图 2-23

（2）为舞台添加河流的背景，如图 2-24 所示。

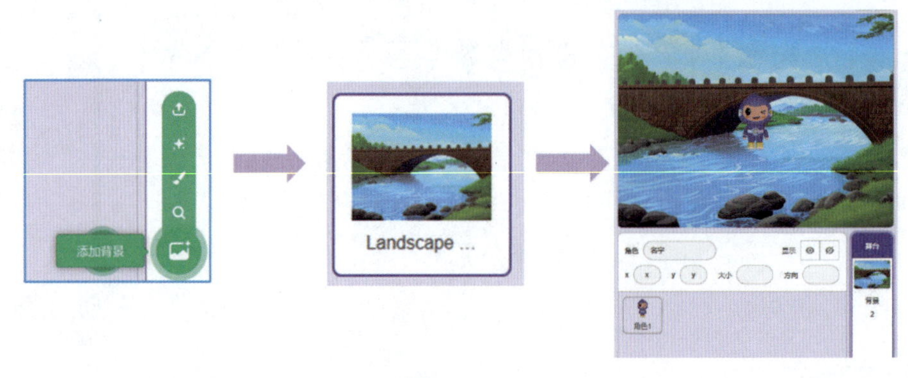


图　2-24

（3）为主角角色设计造型，如图 2-25 所示，在角色造型编辑中，删除造型 2 至 10，并上传鱼竿造型。

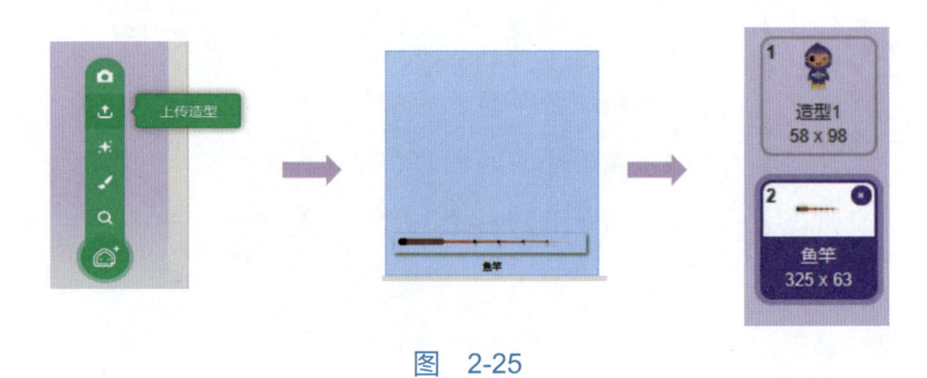


图　2-25

（4）设计鱼竿，如图 2-26 所示，将鱼竿造型转换为矢量图并将鱼竿复制到造型 1 中。

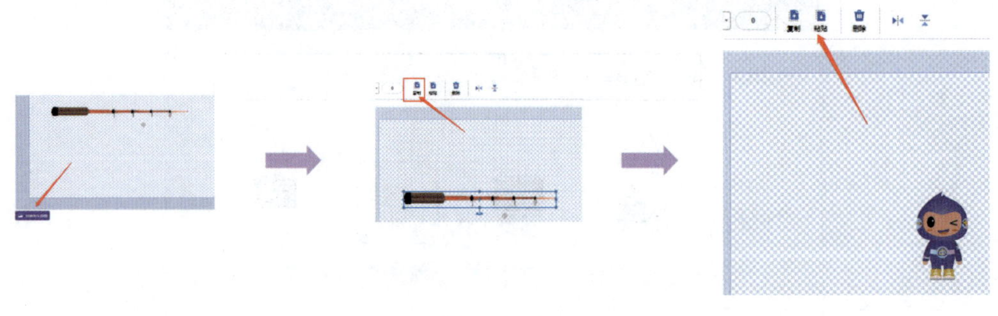

图　2-26

（5）让主角角色持有鱼竿，如图 2-27 所示，调整鱼竿位置，让主角角色手持鱼竿。为鱼竿画出鱼线和鱼钩（鱼钩为黑色）。

图 2-27

（6）丰富钓鱼动作，如图 2-28 所示，复制造型 1，删除鱼竿造型。调整造型 2 中鱼竿的角度。

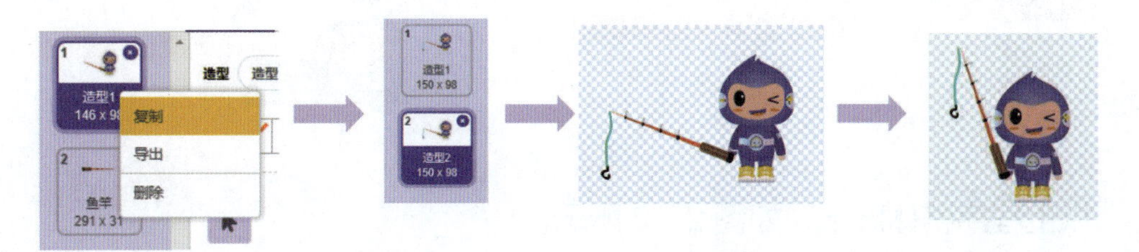


图 2-28

（7）设置启动时主角角色的位置，如图 2-29 所示。

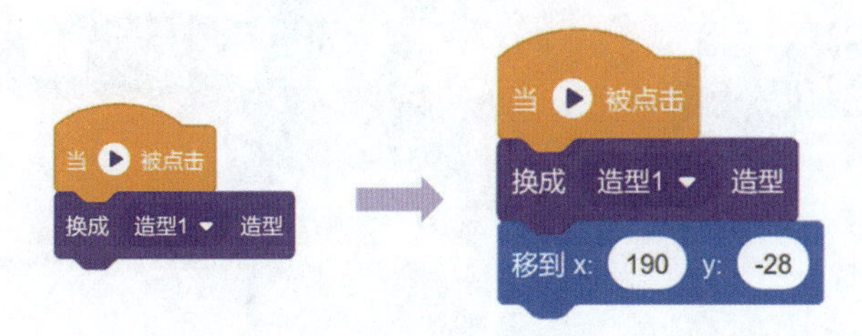


图 2-29

（8）编写使用旋钮更换钓鱼位置的程序，如图 2-30 所示。扩展小栗方指令，选择当旋钮旋转的指令。添加移动指令，顺时针旋转旋钮时或逆时针旋转时移动到不同位置。

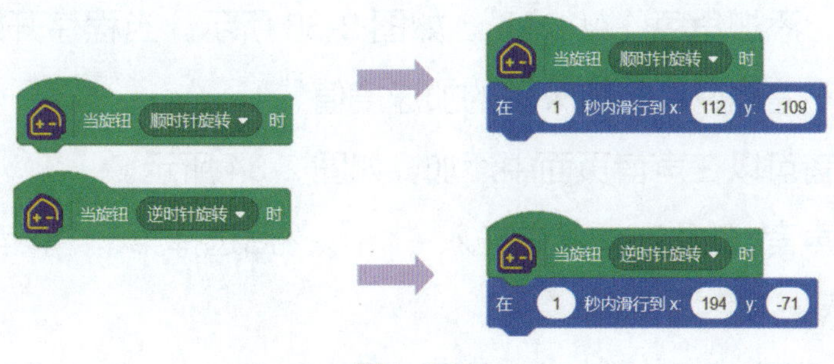


图 2-30

（9）编写“提竿”动作的程序，如图 2-31 所示。添加当收到消息 1 时执行，添加小栗方指令，添加判断“加速度值大于 81”，如果大于 81 则切换造型，并说“中鱼”。

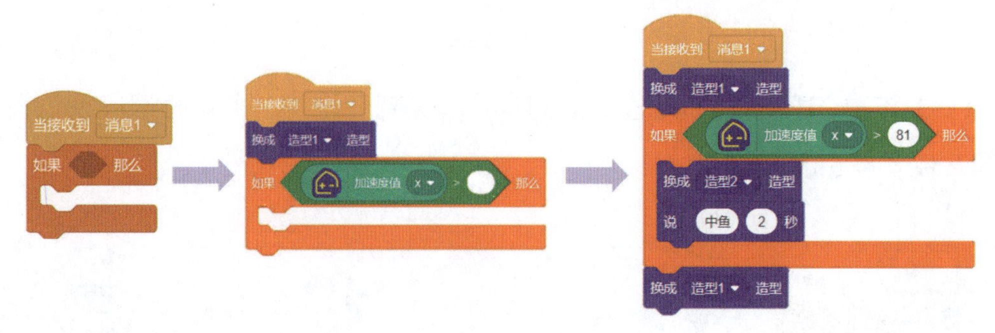


图 2-31

以上程序整体展示，如图 2-32 所示。

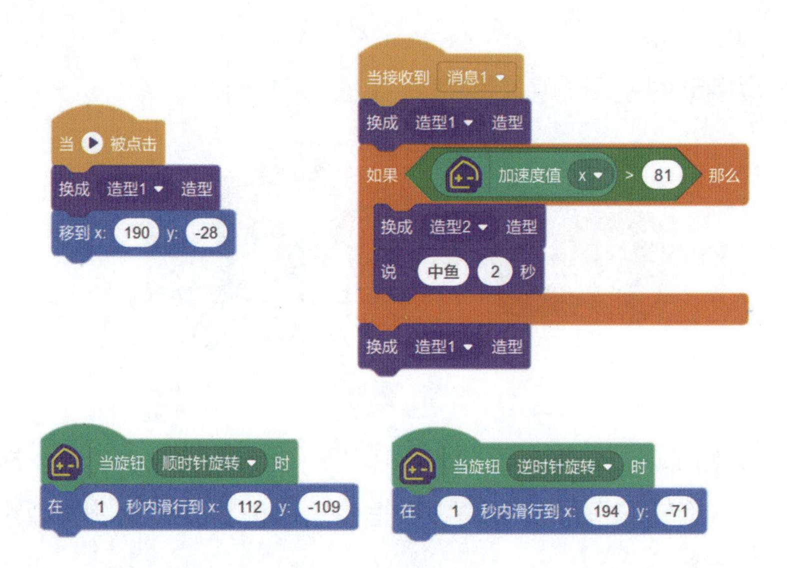


图 2-32

添加音效 - 添加角色“AI DA ”，如图 2-33 所示，当程序开始后重复播放水的声音，并不停地说“当前 X 轴的加速度值”。

水泡的声音可以在声音页面中添加，如图 2-34 所示。

选择添加声音，然后在搜索中输入“bu”，然后选择第一个声音“Bubbles”，如图 2-35 所示。

添加小鱼 - 添加角色“Fish”，如图 2-36 所示，添加角色“Fish”。

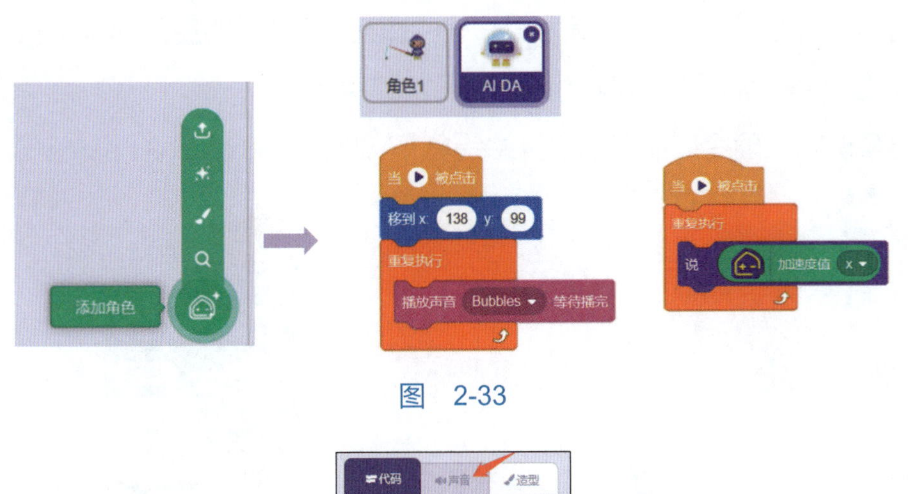


图 2-33

图 2-34

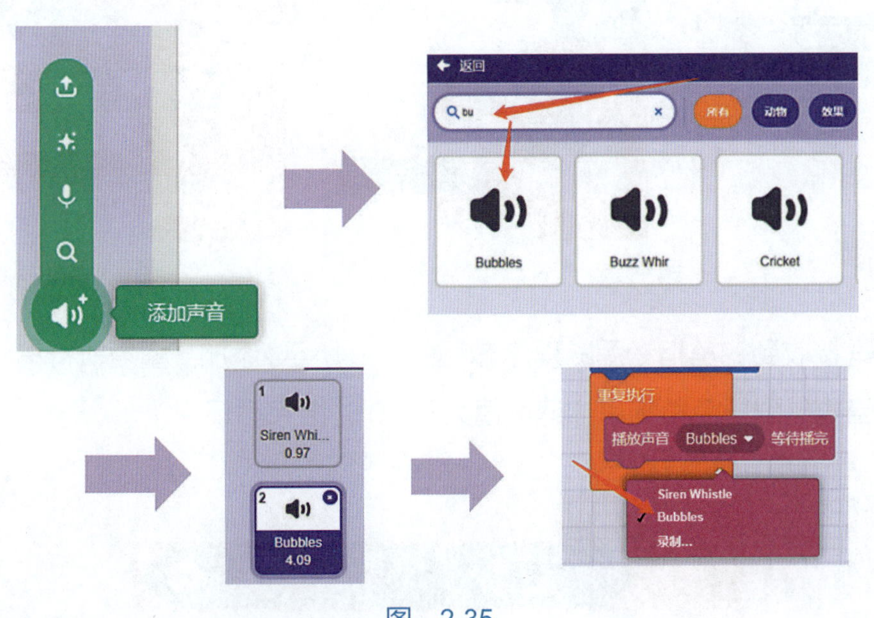


图 2-35

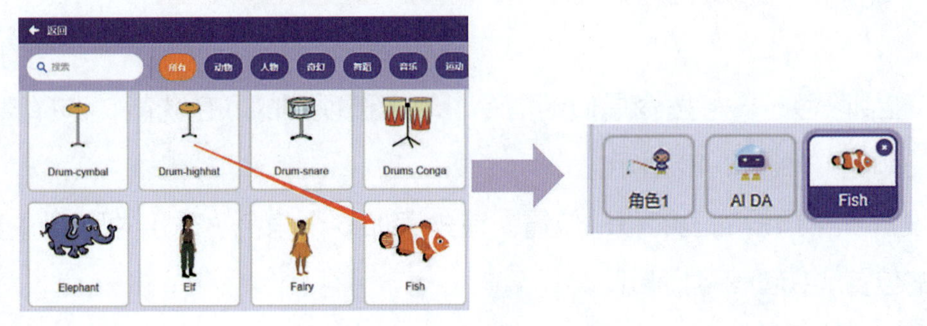


图 2-36

当程序开始后将大小设置为 50，开始语音识别程序后，训练语音“开始钓鱼”，按下按钮后开始语音识别，如图 2-37 所示。

语音识别正确后广播消息“开始钓鱼”，如图 2-38 所示。

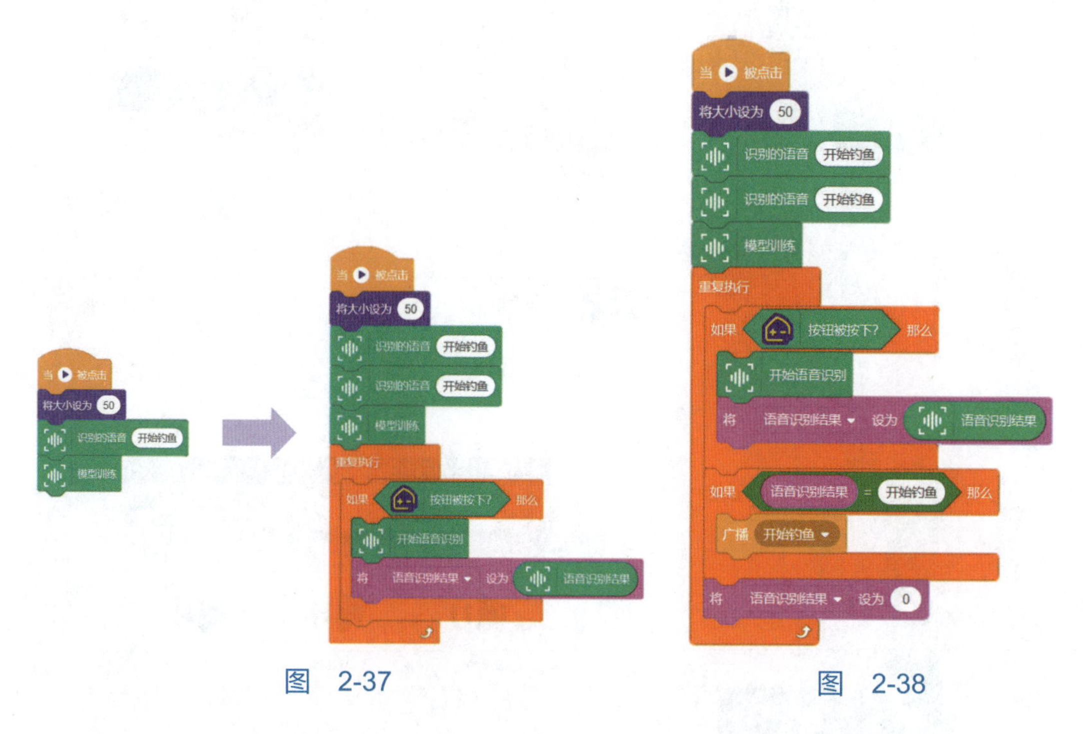


图 2-37　　图 2-38

编写接收到钓鱼指令后的程序，如图 2-39 所示，添加“重复执行指令直到”指令，当鱼碰到黑色鱼钩且加速度值大于 80 时结束循环。

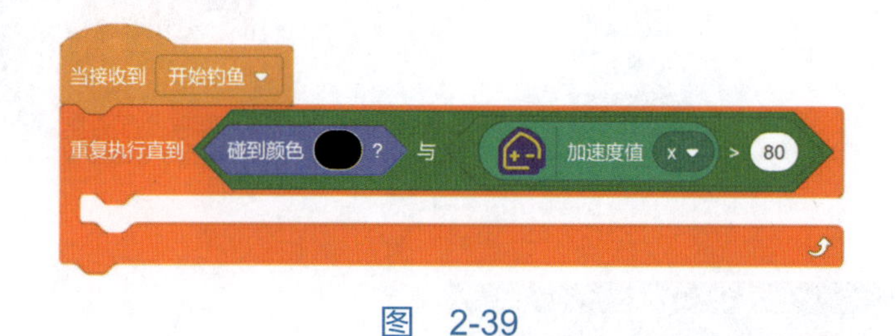


图 2-39

“碰到颜色……”指令是侦测指令，单击选项中的取色功能，选择舞台上鱼钩的颜色，如图 2-40 所示。

设置 6 个预设的鱼的移动位置，首先添加 6 个角色（球），把它们拖曳到图中的位置，如图 2-41 所示。

6 个球的位置如图 2-42 所示（位置可以自由选择，以下位置仅供参考）。

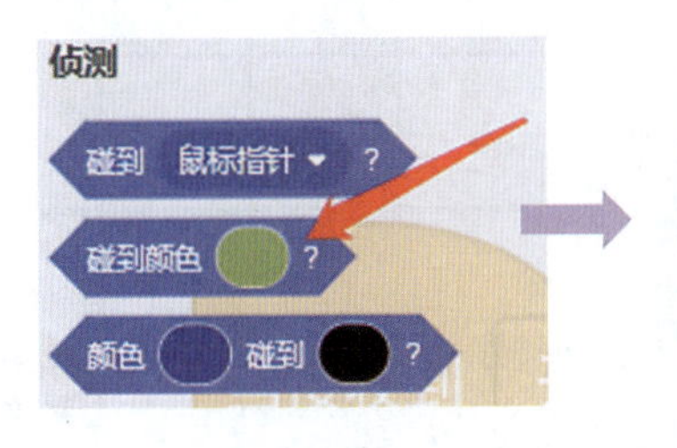

图 2-40

图 2-41

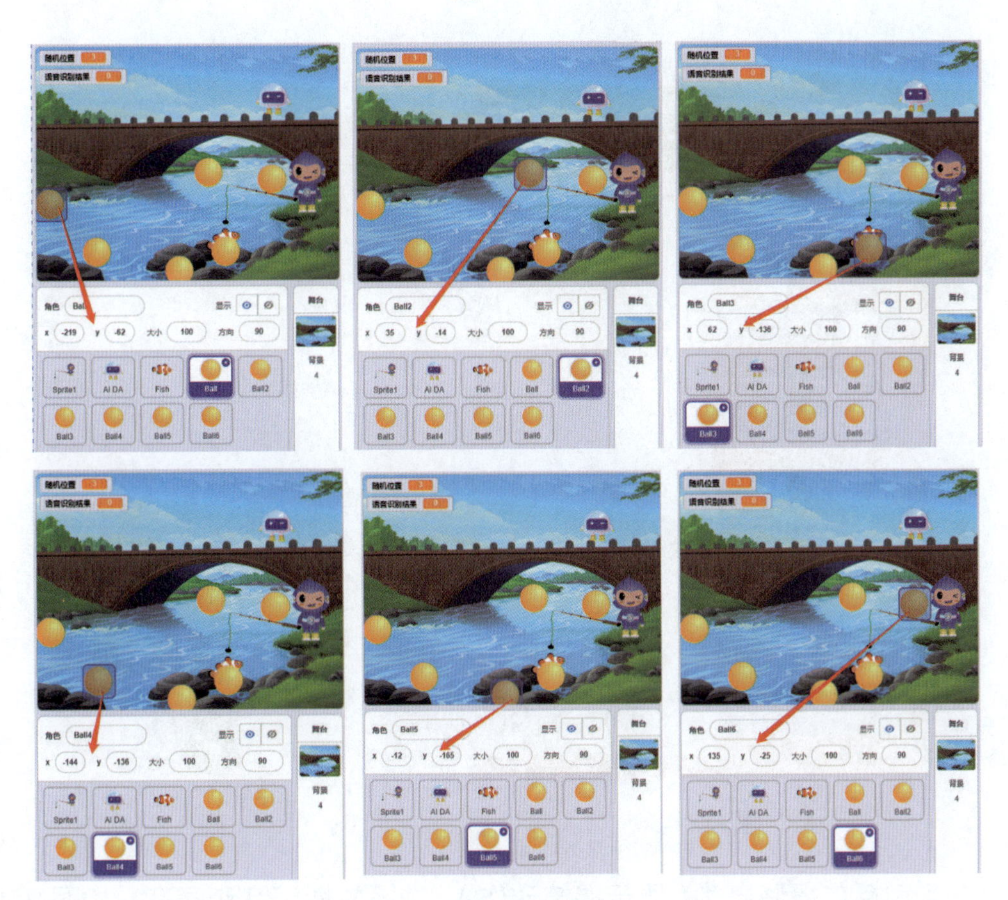

图 2-42

为什么要添加6个不同位置的角色?

添加6个不同位置的角色是为了让鱼能够自由地在这几个点(位置)之间运动,这几个点相当于定点描着河流的边缘,如从球4移动到球6,等等。

编写鱼移动的程序,如图2-43所示,新建变量随机位置,将其设置为1到6之间的随机数,如果随机数为1,那么就移动到"球1",以此类推,将判断指令段与移动指令段结合。

编写钓到鱼之后的提示音和鱼的效果,如图2-44所示,在声音选项中选择录音,然后对着小栗方说"中鱼",并保存录音。

图 2-43

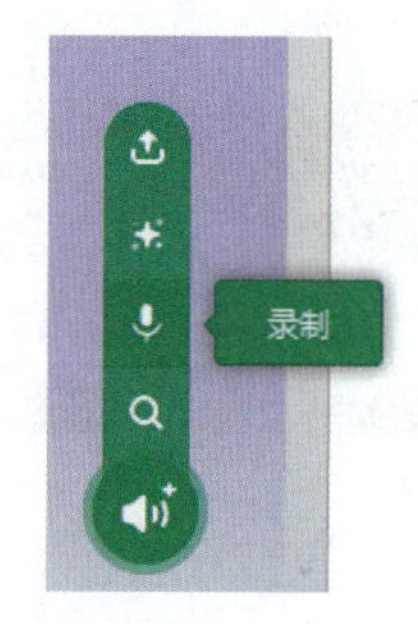


图 2-44

钓到鱼后广播消息1(显示提竿动作),并播放提示音和录音,如图2-45

所示。

编写“鱼”变大闪动的效果，如图 2-46 所示。

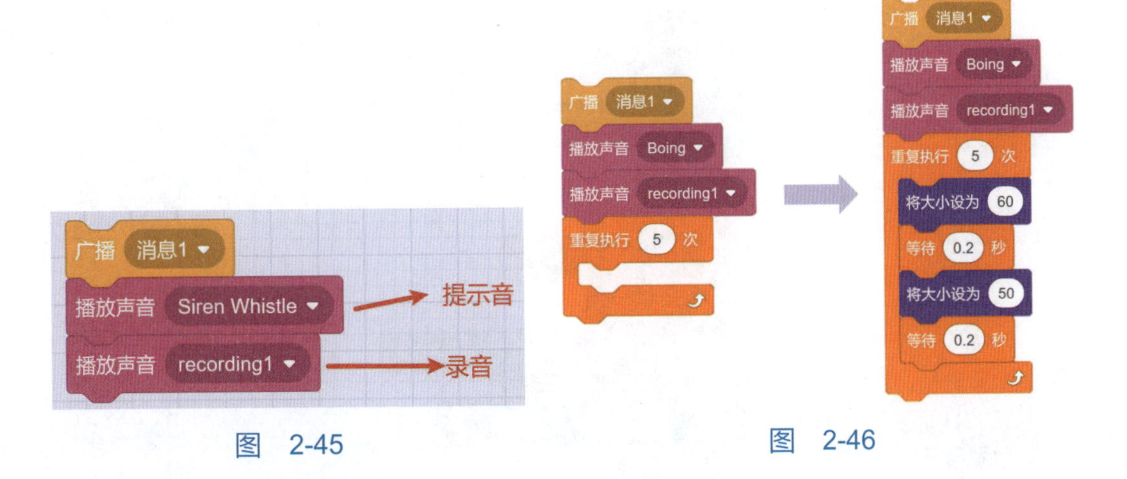


图 2-45

图 2-46

钓鱼的完整程序段如图 2-47 所示。

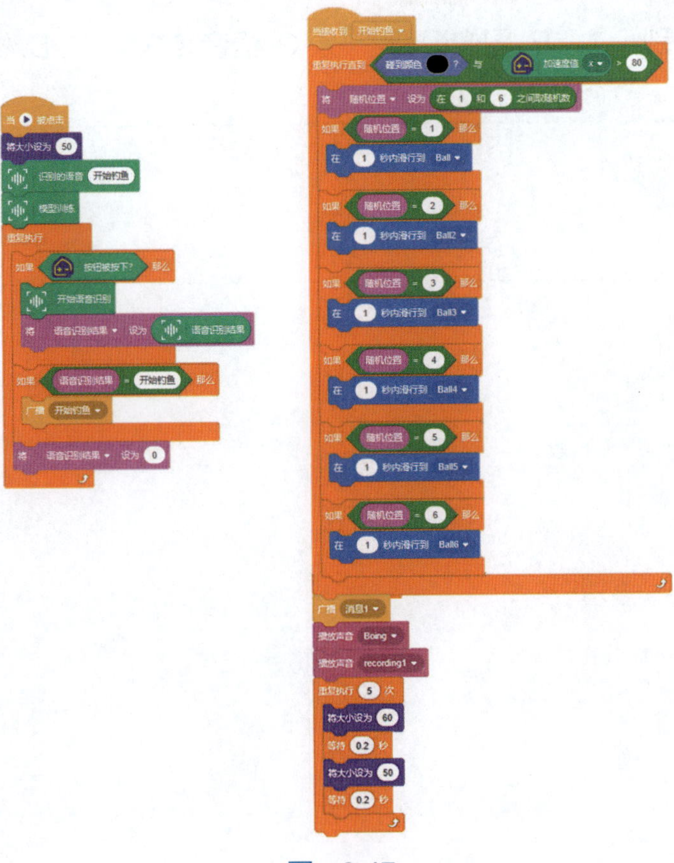

图 2-47

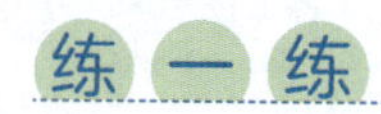


程序中所用到的 AI 功能为（　　）。

```
当 ▶ 被点击
将大小设为 50
识别的语音 开始钓鱼
模型训练
重复执行
  如果 按钮被按下? 那么
    开始语音识别
    将 语音识别结果 ▾ 设为 语音识别结果
  如果 语音识别结果 = 开始钓鱼 那么
    广播 开始钓鱼 ▾
  将 语音识别结果 ▾ 设为 0
```

A. 语音识别　　B. 图像识别　　C. 语音转文字　　D. 文字转语音

【参考答案】

A

# 第3单元

# 人工智能典型应用

人工智能无处不在，经过之前的积累，相信同学们已经对人工智能及其编程基础有了一定的了解。在本单元里，我们将设计两款厨房计时器和一个智能栏杆，让人工智能成为我们生活中的好帮手。

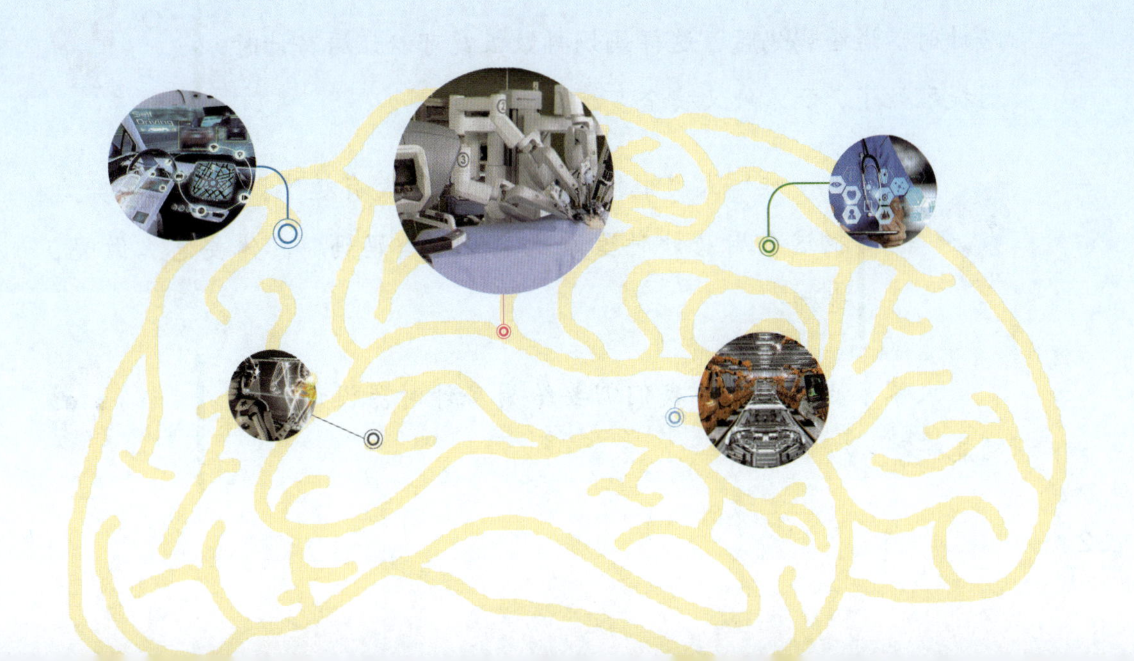

## 3.1 厨房计时器

### 学习目标

- 了解计时器的工作方式，能够创作出具体的应用案例，并对其中的原理进行说明。

我今天早上没来得及吃早饭，妈妈给我带了面包和牛奶，让我课间吃。

为什么不吃早餐呀，是因为你今天起晚了吗？

不是的，今天早上和平时起得一样早，可是妈妈忙着洗衣服、收拾我的东西，忘记锅里煮的饭了，去看的时候，饭已经糊了。妈妈太辛苦了，早上要做那么多事。

原来是这样啊。妈妈们都很伟大，我们要听妈妈的话哦。小智，我们可以一起用人工智能制作一个便捷的厨房计时器送给妈妈呀，这样妈妈再做饭就可以让厨房计时器提醒她了，既方便又安全。

哇！太好啦！学习人工智能太有趣了，我一定要努力把这个厨房计时器做出来，送给妈妈。具体要怎么做呢，老师？

大家来思考一下，我们需要给厨房计时器设计什么功能呢？

厨房计时器也是计时器的一种，因此肯定需要设计倒计时的功能。

可以加上时间显示功能，这样就可以随时查看还剩多少时间，以便于安排工作。

我们还可以添加智能语音识别功能，这样直接用语音就可以唤醒计时器。

最后，我们也需要添加声音提醒功能，用声音来告诉使用者时间到了。

既然知道这款厨房计时器都需要什么功能了，那我们一起来编程实现这些功能吧！

## 编程流程

要制作厨房计时器，我们要完成以下任务：

（1）新建作品。

（2）设置倒计时的时间和待机图案。

（3）编写使用旋钮控制数值和声音的程序。

（4）编写按钮按下后自动开始倒计时的程序。

（5）设置闹钟播放和停止。

## 编一编

首先我们需要在平台上选择“小栗方”仿真平台，如图 3-1 所示，命名为“厨房计时器”，单击确认。

设置初始计时值，如图 3-2 所示。首先，我们需要设置一个默认倒计时的数值“10”，这样程序启动后“倒计时数值”就是 10 了。

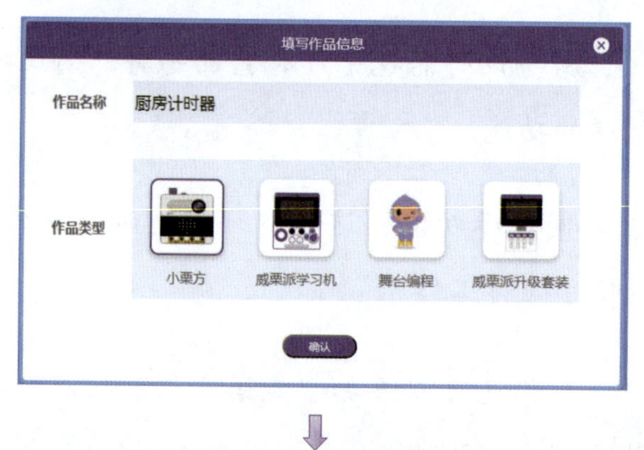

图 3-1

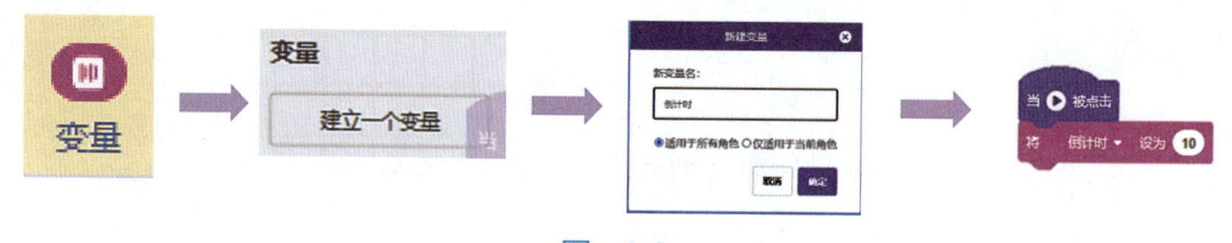


图 3-2

设置待机图案，如图 3-3 所示，在“LED 类积木块”中找到“选择图标”，让点阵屏显示待机图案。

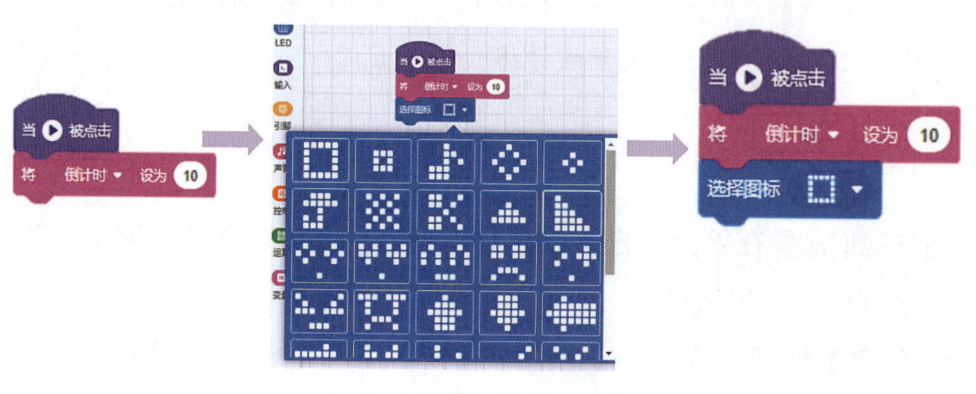


图 3-3

编写旋钮控制数值的程序，在“输入类积木块”中找到“当旋钮逆时针旋转时”。添加旋转时的声音效果，如图 3-4 所示。

旋转时会持续触发播放声音，我们添加停止所有声音的指令，让声音更清晰，如图 3-5 所示。

当旋钮旋转数值就增加，编写指令控制变量增加，如图 3-6 所示。

图 3-4　　图 3-5　　图 3-6

因为要将增加后的数值显示出来，所以要加入显示数字的指令，如图 3-7 所示。

同理，编写出“顺时针转 -5”的控制程序，如图 3-8 所示。

图 3-7　　图 3-8

编写按钮按下后自动开始倒计时的程序，如图 3-9 所示。首先按钮按下后要停止所有声音播放，然后显示倒计时数字。重复执行，每过一秒倒计时的数值减 1，同时播放声音直到倒计时为 0。

设置闹钟播放和停止，如图 3-10 所示，运行完成后会播放闹钟的声音，完成“持续播放铃声，直到晃动小栗方（加速度值变化）”才停止。

声音播放完成后，恢复“默认 10 秒”计时，如图 3-11 所示。

程序全览如图 3-12 所示。

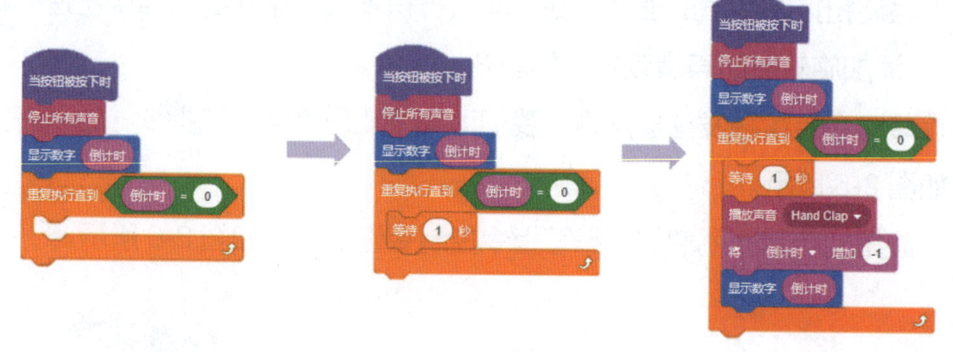


图 3-9

```
当按钮被按下时
停止所有声音
显示数字 倒计时
重复执行直到 倒计时 = 0
    等待 1 秒
    播放声音 Hand Clap
    将 倒计时 增加 -1
    显示数字 倒计时
重复执行直到 加速度值 x > 80 或 加速度值 y > 80 或 加速度值 z > 80
    播放声音 Telephone Ring2 等待播完
```

图 3-10

```
当按钮被按下时
停止所有声音
显示数字 倒计时
重复执行直到 倒计时 = 0
    等待 1 秒
    播放声音 Hand Clap
    将 倒计时 增加 -1
    显示数字 倒计时
重复执行直到 加速度值 x > 80 或 加速度值 y > 80 或 加速度值 z > 80
    播放声音 Telephone Ring2 等待播完
将 倒计时 设为 10
显示数字 倒计时
```

图 3-11

设置语音识……功能，程序运行后开始语音识别，当识别到“倒……语音识别指令库，如图 3-13 所示。

图　3-13

设置语音识别指令，并加入识别结果判断指令，如图 3-14 所示。

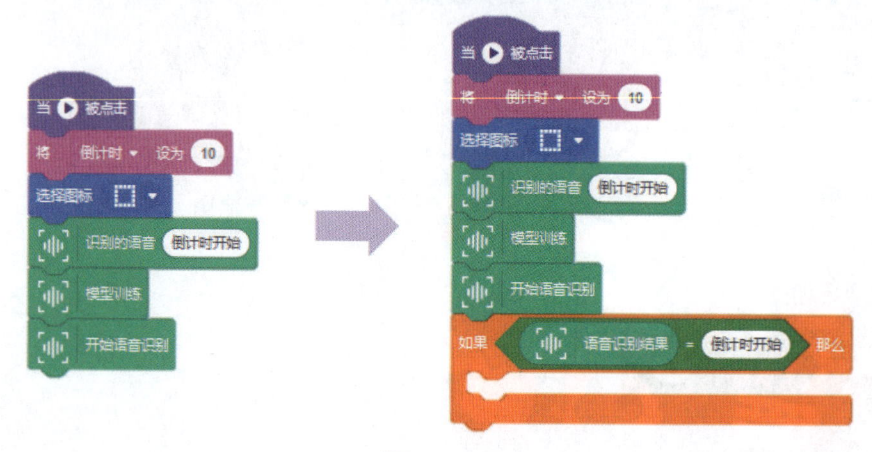


图 3-14

复制“倒计时”的程序段，放进识别结果判断中，如图 3-15 所示。

```
当 被点击
将 倒计时 设为 10
选择图标
识别的语音 倒计时开始
模型训练
开始语音识别
如果 语音识别结果 = 倒计时开始 那么
    停止所有声音
    显示数字 倒计时
    重复执行直到 倒计时 = 0
        等待 1 秒
        播放声音 Hand Clap
        将 倒计时 增加 -1
        显示数字 倒计时
    重复执行直到 加速度值 x > 80 或 加速度值 y > 80 或 加速度值 z > 80
        播放声音 Telephone Ring2 等待播完
    将 倒计时 设为 10
    显示数字 倒计时
```

图 3-15

程序全览，如图 3-16 所示。

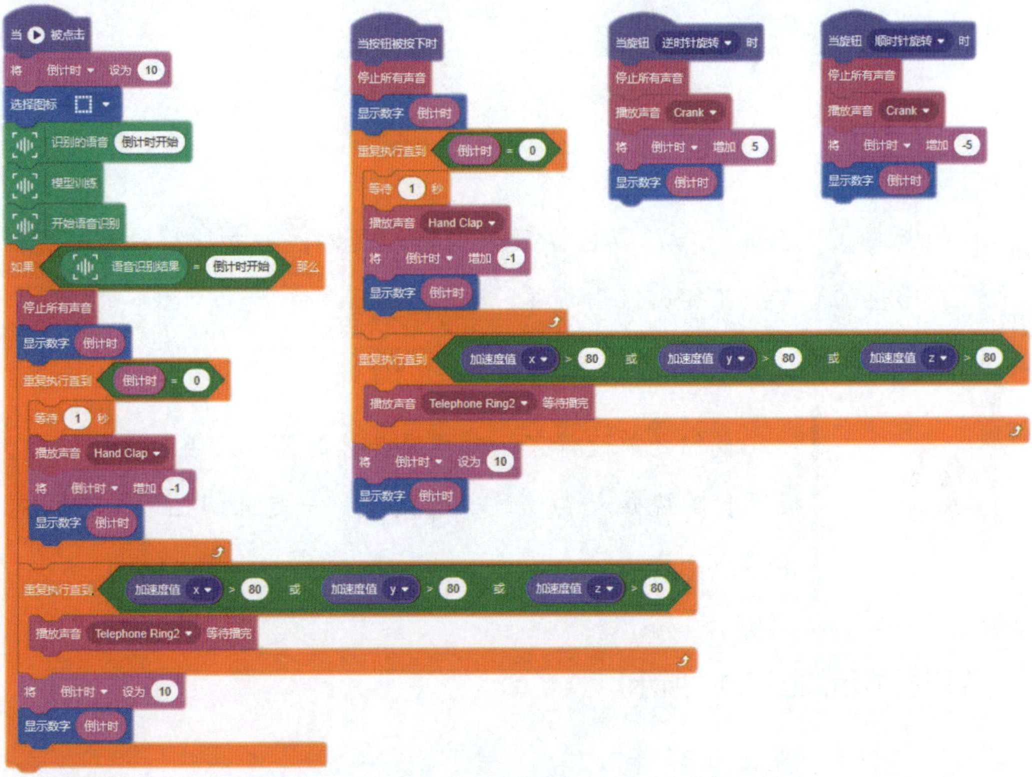

图 3-16

## 练一练

1. 当我们希望通过旋钮触发程序时，应该在（　　）中找到旋钮相关指令。

A. 输入　　B. 引脚

C. 运算　　D. 变量

2. 在小栗方仿真模式中，控制点阵屏显示，需要在（　　）中选择指令。

A.  引脚　　B. LED

C. 　　D.  控制

【参考答案】

1. A　2. B

## 3.2 烹饪好帮手 

### 学习目标

- 能够基于人工智能编程平台以及人工智能硬件，独立编写具有一定实用性的简单人工智能应用程序。

我们之前设计了一款“厨房计时器”来帮助我们计时，提醒食物烧焦或食物过熟的问题，一起来回忆下关键的内容吧。

点阵屏显示如图 3-17 所示。

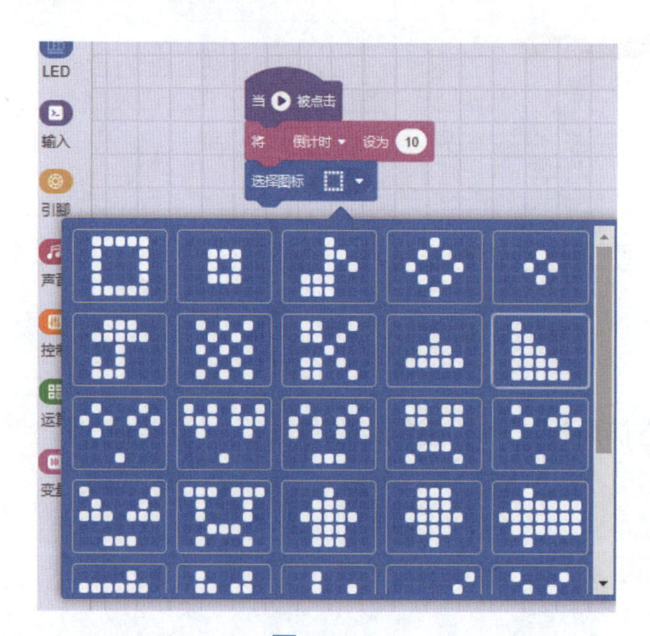


图 3-17

旋钮控制数值如图 3-18 所示。

倒计时程序如图 3-19 所示。

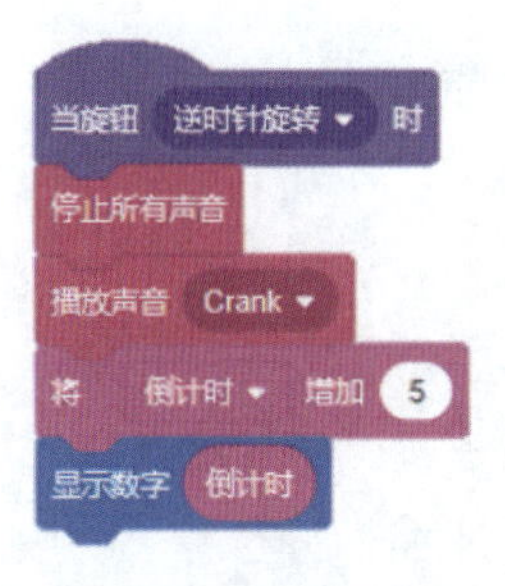


图 3-18

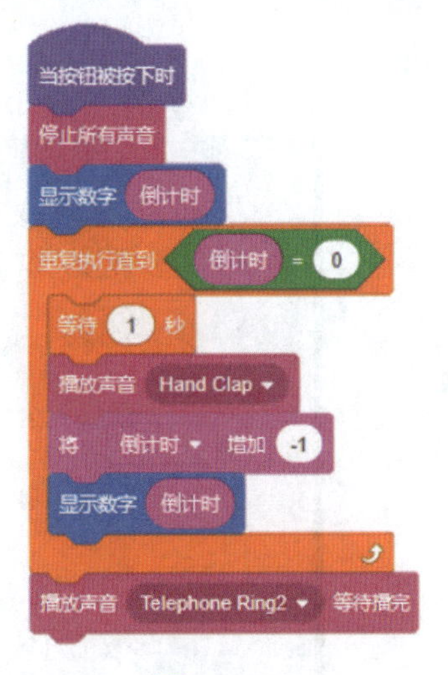


图 3-19

“厨房计时器”被推广开了，有的用户主动联系我们，表示很喜欢它。

太好了！

但他们也提出了新的需求：

（1）现在的“厨房计时器”每次只能进行一个计时，希望我们能够让它一次进行多个计时。

（2）希望能预设时间。

（3）可以多几个预设语音，选择后直接开始倒计时。

（4）最好还要能够看到倒计时的时间。

这些需求好多啊，看来我们的作品还有很大的进步空间。

是的，大家一起来思考一下如何实现这些功能，让我们一起为这个厨房设计更加便捷的厨房好帮手。

## 编程流程

要设计更智能的厨房计时器，我们要完成以下任务：

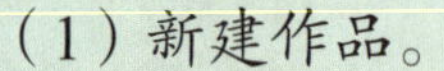
（1）新建作品。

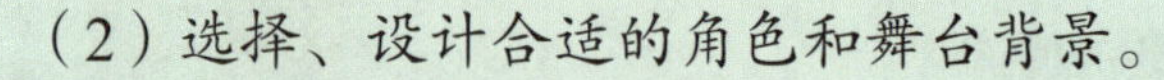
（2）选择、设计合适的角色和舞台背景。

（3）编写点阵屏动画的程序。

（4）设置倒计时的变量。

（5）编写启动和执行语音识别功能的程序。

（6）根据语音识别结果执行倒计时。

## 编一编

（1）我们需要在平台上选择“舞台编程”，如图 3-20 所示，命名为烹饪好帮手。

图 3-20

（2）我们先为舞台添加厨房的背景，如图 3-21 所示，上传合适的背景。

如果上传的图片小于舞台，则将厨房背景转换为“矢量图”，如图 3-22 所示。

（3）拖曳背景图片上的点控制图片大小，如图 3-23 所示铺满整个页面。

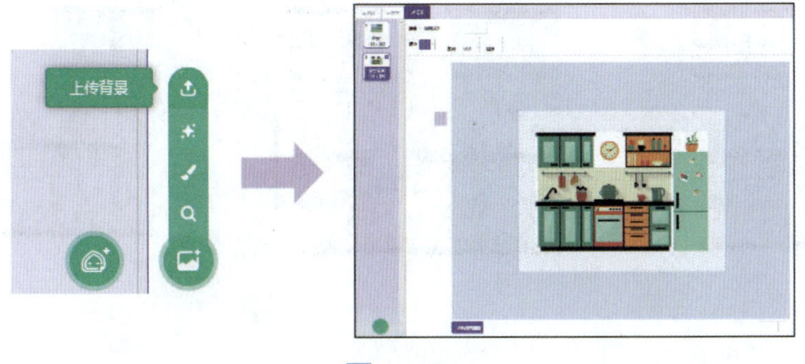


图 3-21

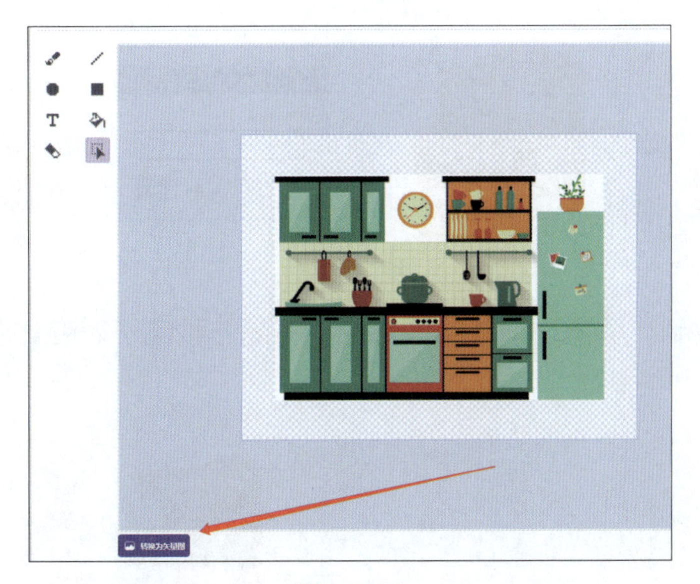

图 3-22

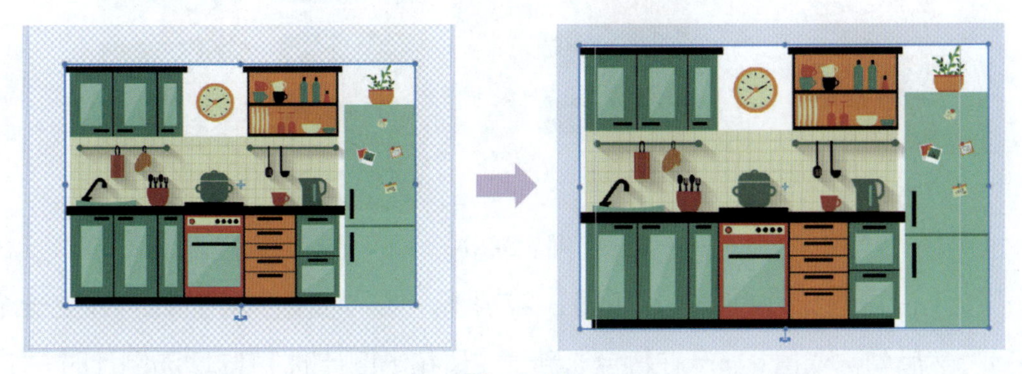

图 3-23

（4）调整角色大小，然后挪到一个合适的位置，如图 3-24 所示。

（5）编写点阵屏动画的程序，在“事件类”中选择“当被点击”和广播消息，如图 3-25 所示。

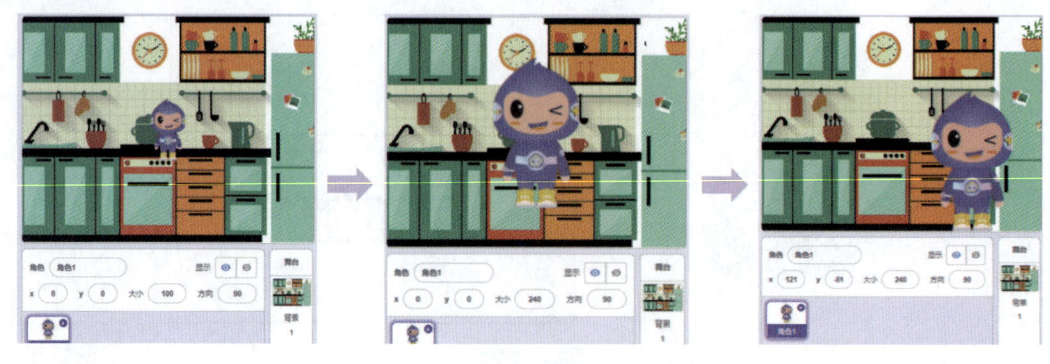

图 3-24

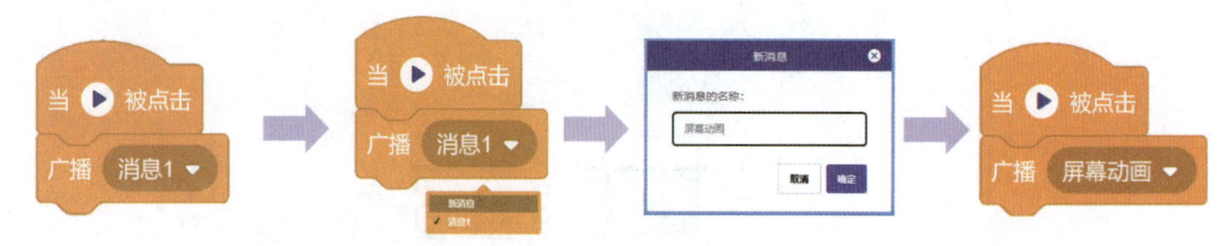


图 3-25

（6）当收到“屏幕动画”的消息后，每隔一秒电子表变化一个图形，如图 3-26 所示。

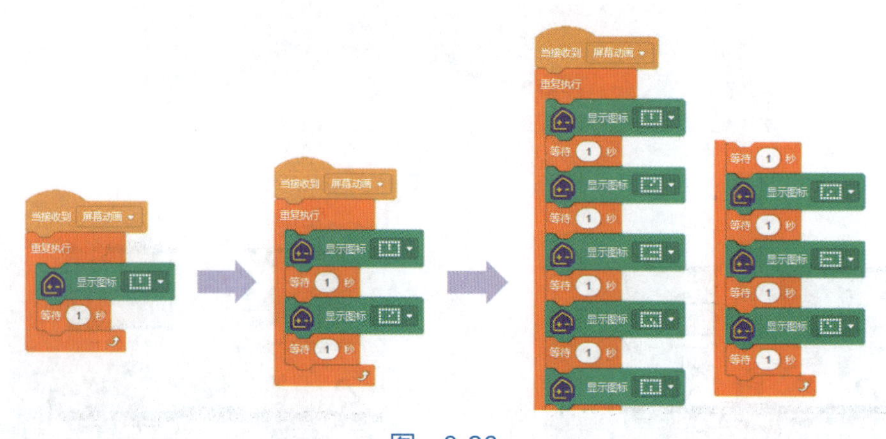


图 3-26

（7）设置倒计时的变量，如图 3-27 所示，在“变量”中选择“建立一个变量”，然后勾选变量（显示在舞台），新建“蛋花汤倒计时”“味增汤倒计时”“自定义倒计时”“语音识别结果”。

程序全览，如图 3-28 所示。

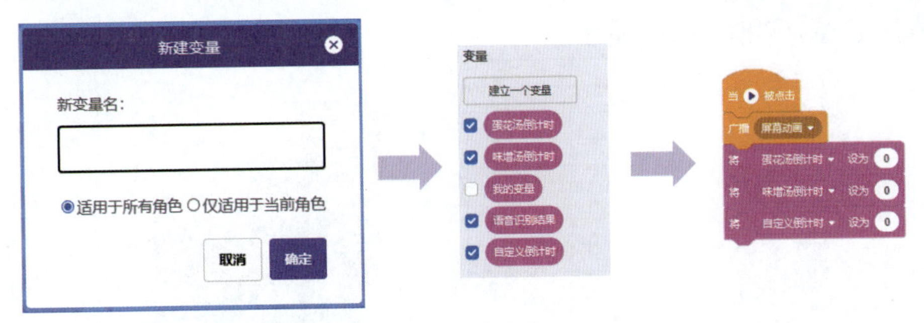


图 3-27

（8）编写语音识别功能的程序，如图 3-29 所示，在“扩展”中选择“创造栗—语音识别，需要识别的语音有“蛋花汤计时开始”“味增汤计时开始”“自定义计时开始”，设置“训练模型”。

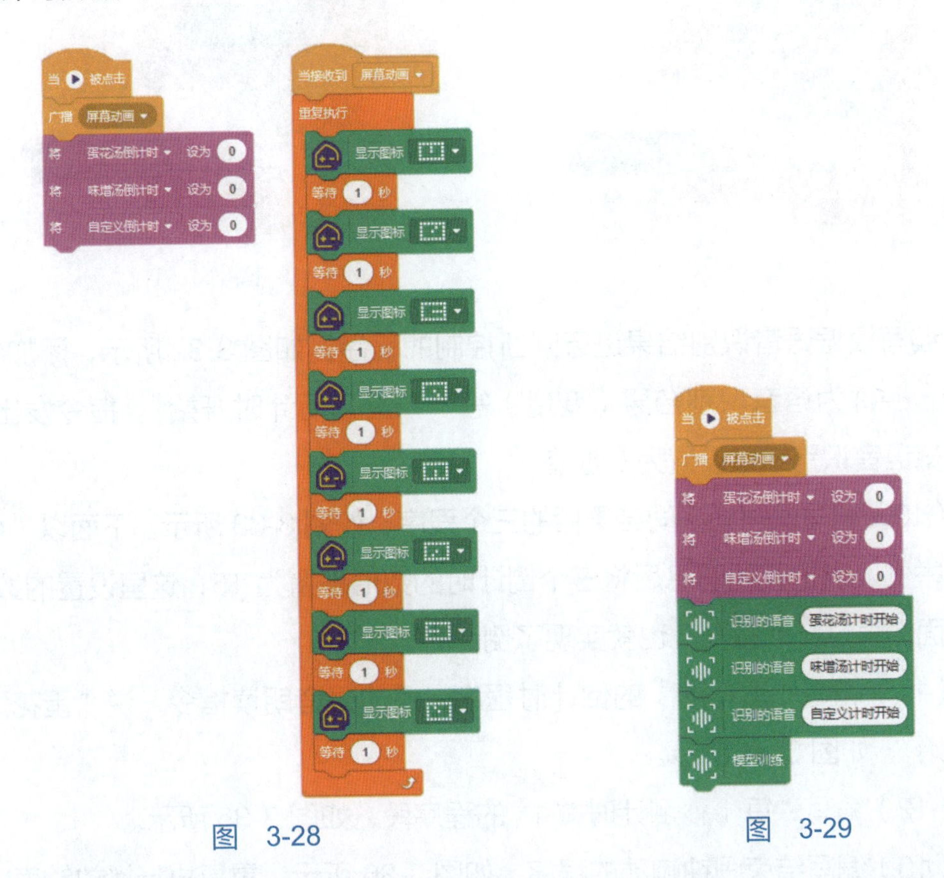


图 3-28

图 3-29

（9）编写按键按下后开始语音识别的程序，如图 3-30 所示，首先我们需要随时能够“按下按钮”，如果按键按下，播放一个提示音，然后开始语音识别。

程序总览，如图 3-31 所示。

图 3-30

图 3-31

编写根据语音识别结果进行判断控制的程序，如图 3-32 所示，添加判断指令，条件为语音识别结果（变量）等于“蛋花汤计时开始”。指令发出后，将变量语音识别结果设置为 0 或空。

（10）编写识别到不同结果后的三个程序，如图 3-33 所示。下面以“蛋花汤”举例，当接收到消息后将三个倒计时的数值设置为 15，这里设置的数值，在后面会每过一秒减一，也就实现了倒计时。

（11）编写“蛋花汤”的倒计时程序，添加语音朗读指令，说“蛋花汤计时开始”，如图 3-34 所示。

（12）编写“每 1 秒倒计时减 1”的程序段，如图 3-35 所示。

（13）编写结束闹钟响动的程序，如图 3-36 所示，重复执行播放铃声，结束执行的条件为向任意角度倾斜（晃动小栗方），整体程序如 3-37 所示。

（14）按照以上编程方法，继续将“味增汤”“自定义”的倒计时程序段编写完成，如图 3-38 所示。

图 3-32

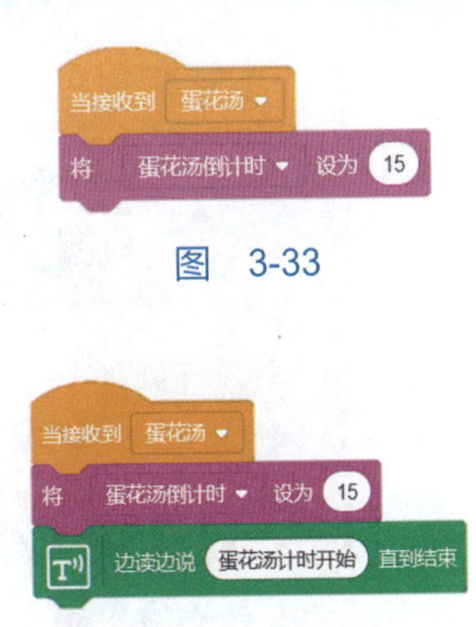


图 3-33

图 3-34

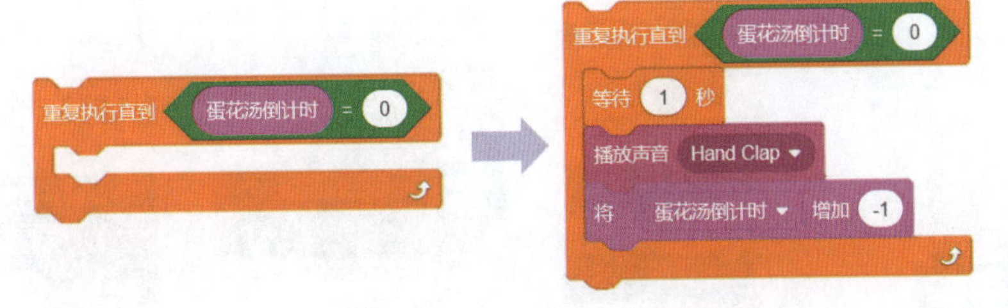


图 3-35

图 3-36

图 3-37

总程序如图 3-39 所示。

```
当接收到 味增汤
将 味增汤倒计时 设为 13
边读边说 味增汤计时开始 直到结束
重复执行直到 <味增汤倒计时 = 0>
    等待 1 秒
    播放声音 Hand Clap
    将 味增汤倒计时 增加 -1
重复执行直到 <向 任意 倾斜?>
    播放声音 Telephone Ring2
```

```
当接收到 自定义
将 自定义倒计时 设为 8
边读边说 自定义计时开始 直到结束
重复执行直到 <自定义倒计时 = 0>
    等待 1 秒
    播放声音 Hand Clap
    将 自定义倒计时 增加 -1
重复执行直到 <向 任意 倾斜?>
    播放声音 Telephone Ring2
```

图　3-38

```
当 ▶ 被点击
广播 屏幕动画
将 蛋花汤倒计时 设为 0
将 味增汤倒计时 设为 0
将 自定义倒计时 设为 0
识别的语音 蛋花汤计时开始
识别的语音 味增汤计时开始
识别的语音 自定义计时开始
模型训练
重复执行
    如果 <按钮被按下?> 那么
        播放声音 B Elec Guitar 等待播完
        开始语音识别
        将 语音识别结果 设为 语音识别结果
    如果 <语音识别结果 = 蛋花汤计时开始> 那么
        广播 蛋花汤
    如果 <语音识别结果 = 味增汤计时开始> 那么
        广播 味增汤
    如果 <语音识别结果 = 自定义计时开始> 那么
        广播 自定义
    将 语音识别结果 设为 0
```

```
当接收到 屏幕动画
重复执行
    显示图标
    等待 1 秒
    显示图标
    等待 1 秒
    显示图标
    等待 1 秒
    显示图标
    等待 1 秒
    显示图标
    等待 1 秒
    显示图标
    等待 1 秒
    显示图标
    等待 1 秒
    显示图标
    等待 1 秒
```

```
当接收到 自定义
将 自定义倒计时 设为 8
边读边说 自定义计时开始 直到结束
重复执行直到 <自定义倒计时 = 0>
    等待 1 秒
    播放声音 Hand Clap
    将 自定义倒计时 增加 -1
重复执行直到 <向 任意 倾斜?>
    播放声音 Telephone Ring2
```

```
当接收到 蛋花汤
将 蛋花汤倒计时 设为 15
边读边说 蛋花汤计时开始 直到结束
重复执行直到 <蛋花汤倒计时 = 0>
    等待 1 秒
    播放声音 Hand Clap
    将 蛋花汤倒计时 增加 -1
重复执行直到 <向 任意 倾斜?>
    播放声音 Telephone Ring2
```

```
当接收到 味增汤
将 味增汤倒计时 设为 13
边读边说 味增汤计时开始 直到结束
重复执行直到 <味增汤倒计时 = 0>
    等待 1 秒
    播放声音 Hand Clap
    将 味增汤倒计时 增加 -1
重复执行直到 <向 任意 倾斜?>
    播放声音 Telephone Ring2
```

图　3-39

## 3.3 智能栏杆

### 学习目标

- 能够基于人工智能编程平台以及人工智能硬件，独立编写具有一定实用性的简单人工智能应用程序。

同学们，你们知道什么是传感器么？

老师，请您讲一讲吧。

传感器，是能感受到许多种信息的检测装置，传感器可以将这些信息转换为电信号等信息输出。机器有了传感器，让物体有了触觉、味觉和嗅觉等感官，让它“活了”起来。

老师，我知道了。传感器就像机器的眼睛、耳朵、鼻子、舌头和皮肤等，是帮助机器获得外界信息的“机器器官”。

你说得太好了！制作和使用传感器，获取准确可靠的信息，正是传感器的重要作用之一。可以说，没有众多的优良的传感器，现代化生产也就失去了基础。

我们的生活中也有传感器么？

是的，楼道灯有感受光和声音的传感器、家用电器有感受温度的传感器、停车场常见的智能栏杆有超声波传感器。今天我们就来制作一个智能栏杆，一起感受下传感器的魅力吧。

## 编程流程

要制作智能栏杆，我们要完成以下任务：

（1）新建作品。

（2）添加新的积木块指令。

（3）选择、设计合适的角色和舞台背景。

（4）安装一个智能栏杆。

（5）编写识别车牌并启动栏杆的程序。

（6）编写舞台上的栏杆的同步程序。

## 编一编

（1）添加新的积木块，选择“AI+”，选择“创造栗 - 小栗方扩展板”，如图 3-40 所示。

图　3-40

（2）添加舞台背景，我们选择学校背景，并让角色站在舞台中央，如图 3-41 所示。

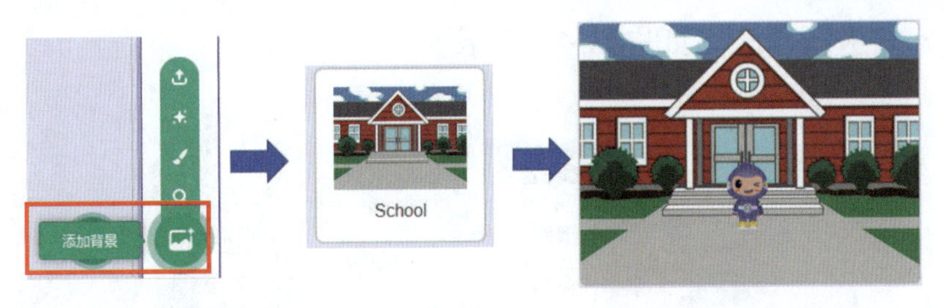


图 3-41

（3）添加栏杆角色，从文件中选择合适的图片，如图 3-42 所示。

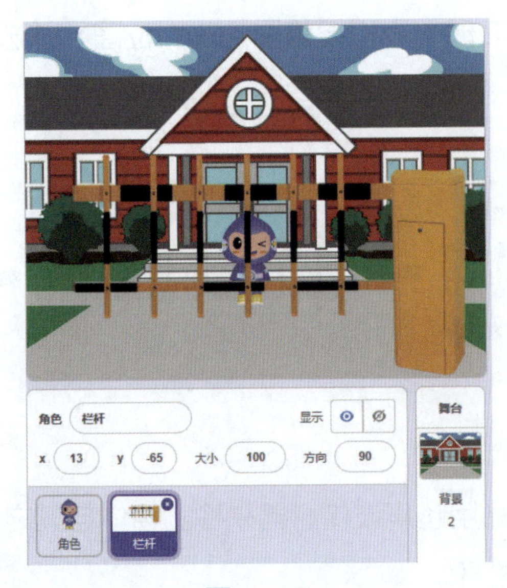


图 3-42

（4）调整栏杆的大小和位置，让其符合真实比例，如图 3-43 所示，将上传的栏杆图片转化为矢量图更方便操作。

图 3-43

（5）为了让舞台上的栏杆也可以表现“抬杆”动作，我们要复制一个新的栏杆图片，并进行修改，如图 3-44 所示。

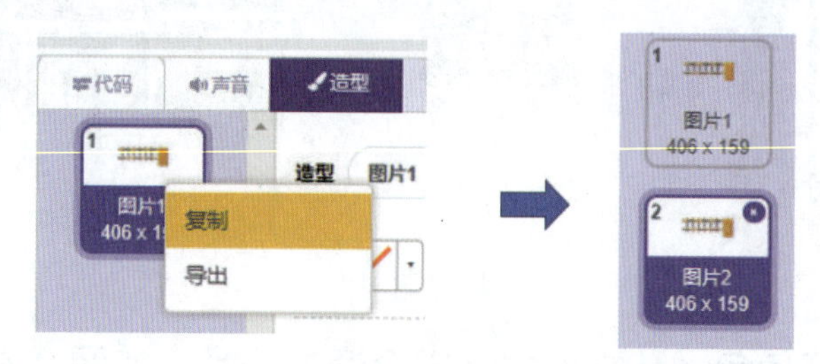


图 3-44

（6）在修改图片 2 时，我们要将图片改为位图，并选择合适的工具进行修改，如图 3-45 所示。

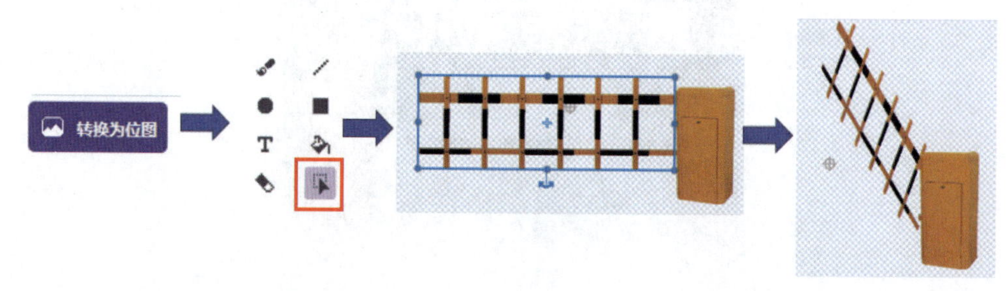


图 3-45

（7）智能栏杆要利用超声波传感器来检测物体与其之间的距离，如图 3-46 所示，安装一个智能栏杆。

图 3-46

（8）选中角色（角色）进行编程，当车辆距离超声波传感器达到我们指定的数值时，即车辆靠近了，智能栏杆系统启动车牌识别功能，如图 3-47 所示。

（9）如果成功识别车牌，智能栏杆系统会播报识别到的车牌以及表示欢迎来车，如图 3-48 所示。

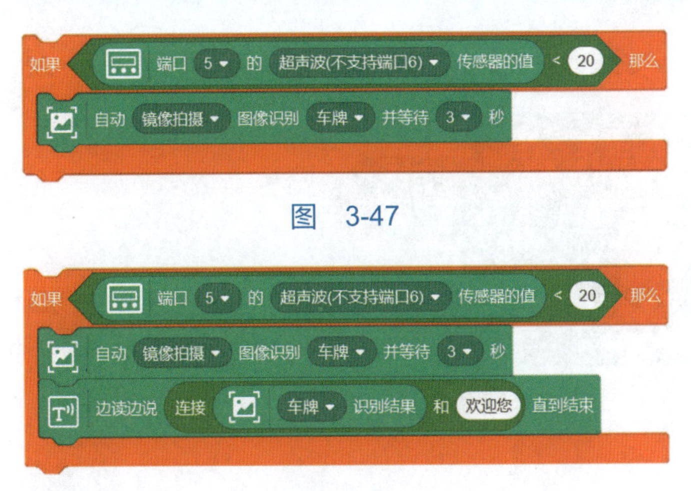


图 3-47

图 3-48

（10）识别到车辆后，启动电机控制栏杆抬起，如图 3-49 所示。

（11）车辆驶入后，启动电机控制栏杆落下，如图 3-50 所示。

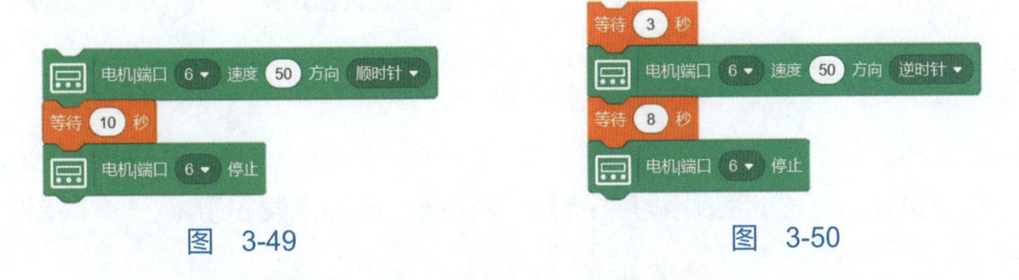


图 3-49　　图 3-50

（12）当智能栏杆系统启动后，我们使用广播工具让舞台上的栏杆也同步工作，使用广播功能，建立“抬起栏杆”和“落下栏杆”两条消息，如图 3-51 所示。

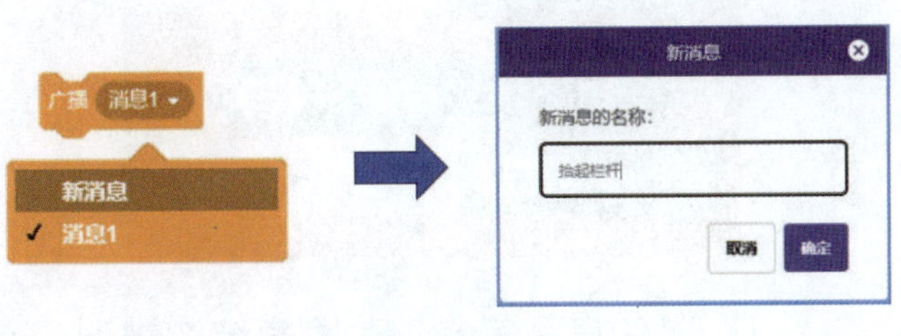


图 3-51

将广播消息加入程序中，总程序如图 3-52 所示。

选择栏杆角色（栏杆），我们使用广播工具让舞台上的栏杆也同步工作，展示抬起或落下栏杆的图片，如图 3-53 所示。

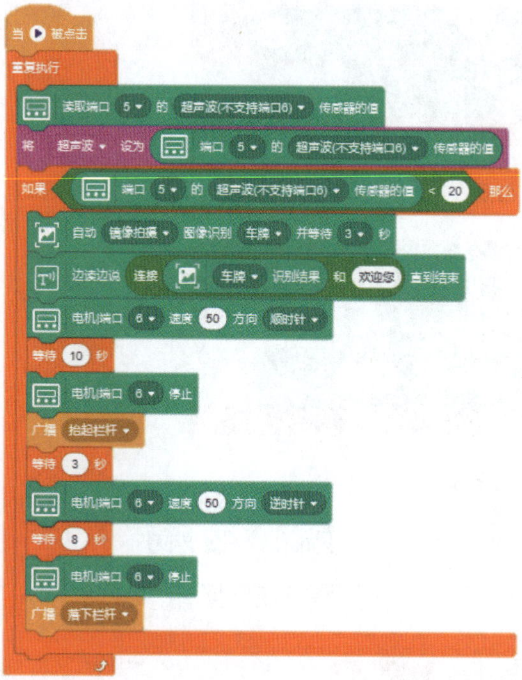

图 3-52

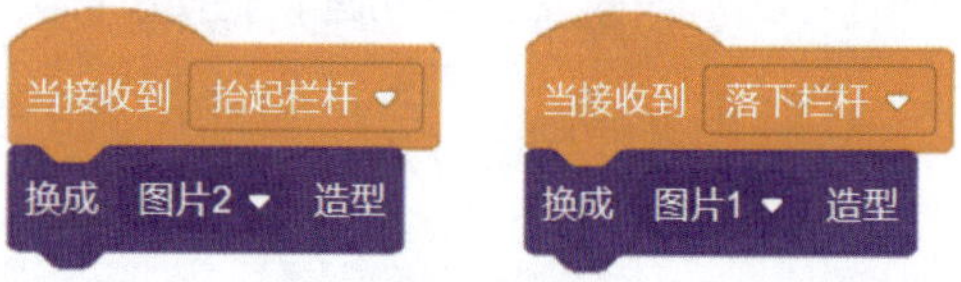

图 3-53

## 练一练

在下面的人工智能应用程序中有一些错误，这种错误属于（　　）错误。

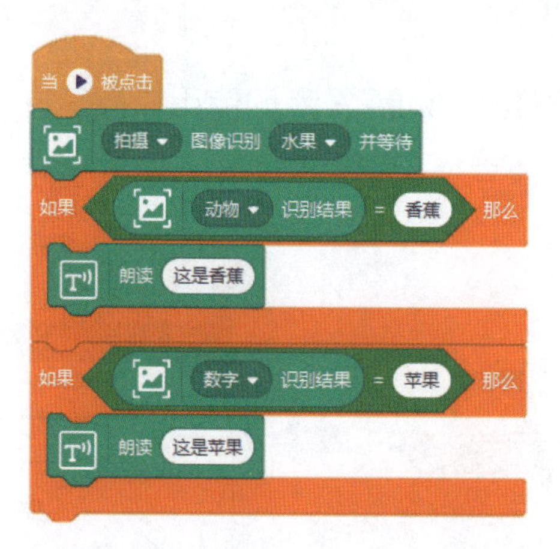


A. 朗读指令　　B. 字符编写指令　C. 顺序结构排列　D. 识别结果设置

【参考答案】

D

# 第4单元

# 人工智能历史与未来

欢迎来到本次的人工智能历史与未来的学习单元。你是否想过，未来的世界会变得怎么样呢？我们的生活会因为科技的发展而变得更加便利、快捷、智能化吗？答案是肯定的！其中最重要的一项科技就是人工智能。了解人工智能的历史和未来，对我们未来的学习和生活有着非常重要的意义。

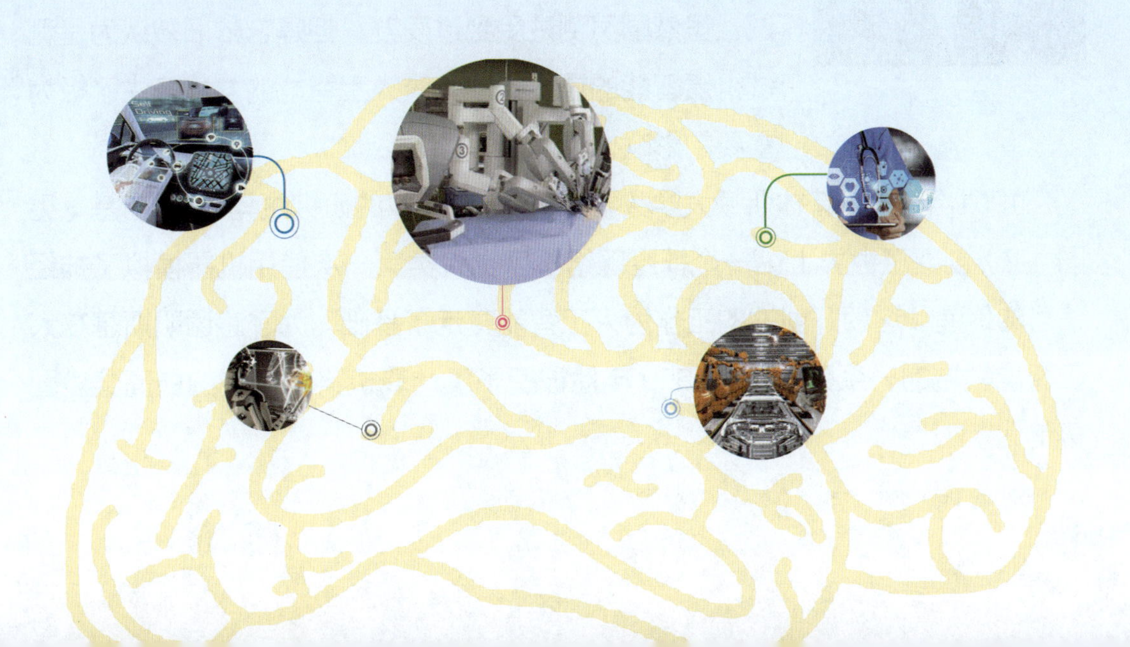

## 4.1 走进人工智能历史

**学习目标**

• 了解人工智能的历史、发展过程及其面临的挑战。

### 4.1.1 人工智能的诞生

早在 20 世纪 40—50 年代，数学家和计算机工程师已经开始探讨用机器模拟智能的可能。在这一时期，涌现出大量的以图灵、明斯基、麦卡锡、香农为主要代表的人工智能著名专家学者。

图 4-1

1950 年，艾伦·图灵（见图 4-1）在他的论文《计算机器与智能》中提出了著名的图灵测试。在图灵测试中，一位人类测试员被置于密室中，通过文字与另外密室中的一台机器和一个人自由对话，对话的内容没有固定标准。如果这位测试员无法分辨与其交流的哪个是人、哪个是机器，则参与对话的机器就被认为通过了图灵测试。虽然图灵测试受到过质疑，但是它依旧被认为是测试机器智能的重要标准，对人工智能的发展产生了极为重要的影响。

1951 年夏天，普林斯顿大学数学系的一位 24 岁的研究生马文·明斯基（见图 4-2）创建了世界上第一个神经网络机器，人类第一次使用机器模拟了神经信号的传递。这项开创性的工作为人工智能奠定了基础。为了感谢明斯基在人工智能领域的一系列贡献，1969 年他被授予了计算机科学领域的最高奖“图灵奖”。

图 4-2

1955年，艾伦·纽厄尔、赫伯特·西蒙和克里夫·肖建立了一个名为“逻辑理论家”(Logic Theorist)的计算机程序，这个程序模拟了人类解决问题的技能，进行了有效的逻辑证明实验，从此诞生了现今还在被广泛应用的一种重要方法——搜索推理，如图4-3所示。

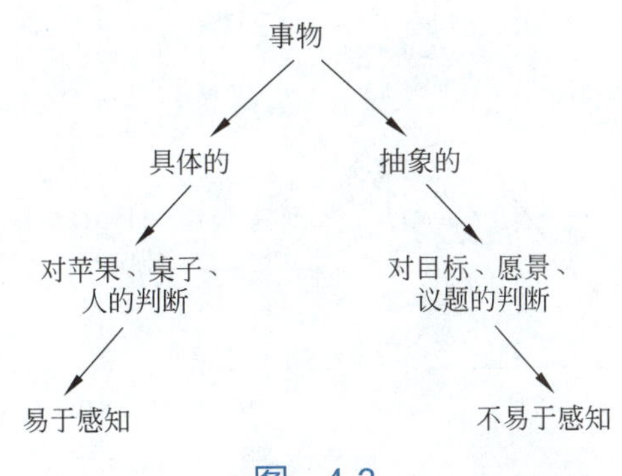


图 4-3

1956年，美国的达特茅斯学院组织了一次讨论会，这就是人工智能历史上重要的“达特茅斯会议”。在这次会议上，经过多位专家学者（见图4-4）多日的讨论，提出了这一重要概念——学习和智能的每一个方面都能被精确地描述，使得人们可以制造一台机器来模拟它。同时为这一新领域定下了一个名字—— 人工智能(Artificial Intelligence, AI)，从而正式宣告了人工智能作为一门学科的诞生。

如图4-5所示，人工智能这一名词自达特茅斯会议提出以来，取得了惊人的成就和迅速的发展，但是它的发展并非一帆风顺，也经历了起起伏伏。概括来说，人工智能的发展经历了三次高峰、两次低谷以及一段稳步发展期。

图 4-4

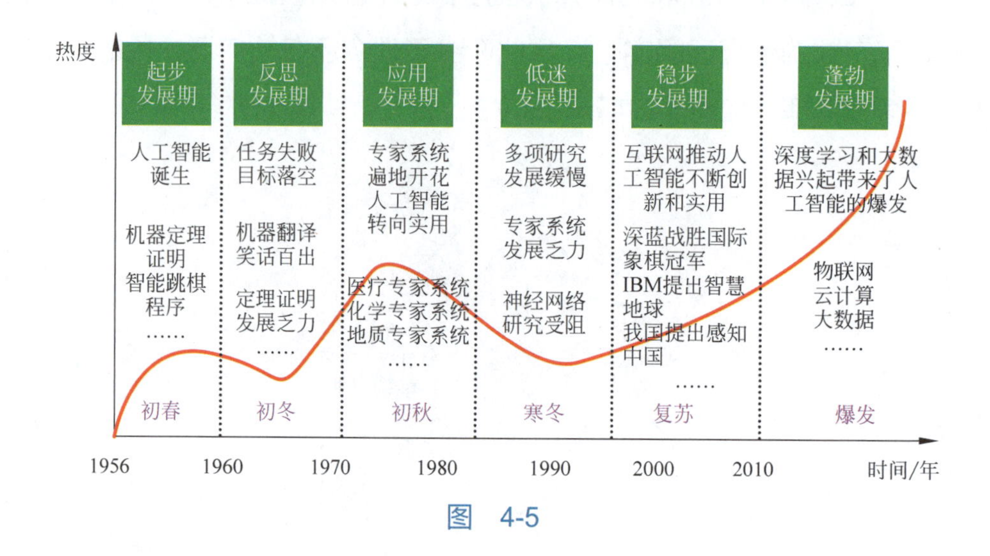


图 4-5

## 4.1.2 第一次高峰和低谷（1956 年至 20 世纪 70 年代初）

在 1956 年人工智能的概念被提出后，许多国家都开展了人工智能的研究，涌现了大量的研究成果，掀起了人工智能发展的第一个黄金时代。

最早成功的人工智能程序是阿瑟・萨缪尔在 1952 年公布的（西洋）跳棋程序，这个程序具有自学习能力，可通过对大量棋局的分析逐渐辨识出“好棋”和“坏棋”，从而不断提高下棋的水平（西洋跳棋如图 4-6 所示）。

图 4-6

世界上第一个对话程序——伊丽莎，也是世界上第一款真正意义的聊天机器人，在同一时期发布。伊丽莎可以进行简单的对话与交流，让人们看到了使用机器解决问题和沟通的可能性。

在人工智能诞生后的 10 年内，整个社会对人工智能都有着不切实际的希望和幻想。由于当时的计算机硬件水平低下、人工智能理论缺乏和人工智能产品脱离人的需求，人工智能迎来了第一个低谷。

但是在第一个“寒冬”中，科学家们仍然进行人工智能的相关研究，为人工智能第二次高峰的到来奠定了基础。

### 4.1.3　第二次高峰和低谷（20 世纪 80 年代初至 90 年代初）

20 世纪 80 年代，随着新的理论和技术的发展，如专家系统和人工神经网络等技术（见图 4-7）的进步，人工智能的第二次发展高峰期来了。

简单来说，专家系统就是让计算机可以像专家一样和人交流，比如医生专家系统，通过向病人提问得到的答案和系统预先输入的专业内容给出专业建议。但是经过实践，人们发现这类系统开发与维护的成本高昂，同时还存在应用领域单一、缺乏常识性知识、专业知识获取困难、无法共情等问题。于是 20 世纪 80 年代后期，人工智能步入了第二个发展低谷期。

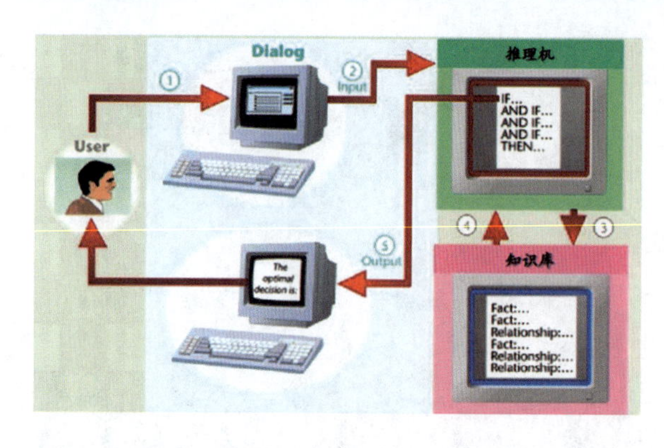


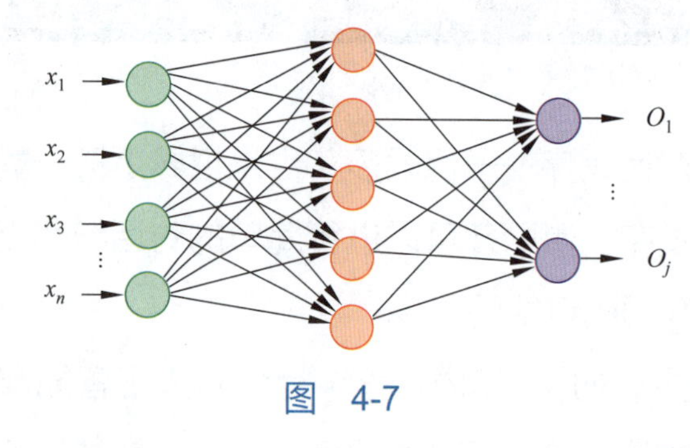


图 4-7

## 4.1.4 稳步发展期（20 世纪 90 年代中至 2010 年）

到了这一时期，人工智能已经进入了稳定且理性平稳的发展期。在这段时期里，随着数学的广泛运用，人工智能开始和数学“合作”，使得一大批新的数学模型和算法发展起来。同时，研究人员在研究人工智能的过程中开始引入多种学科工具，丰富了理论知识和技术应用。

## 4.1.5 第三次高峰（2011 年至今）

进入 21 世纪，计算机已经从实验室走进了千家万户，互联网的发展也让电子数据呈现出爆炸式的增长。随着人们逐渐意识到这些数据的珍贵并开始利用，人类进入了“大数据”时代。以大数据为原料发展的新一代人工智能应用越来越贴合人们的需求，慢慢地融入了我们的生活。

练一练

人工智能发展的第三次高峰中，人类进入了（　　）时代。

A. 蒸汽　　B. 工业革命　　C. 大数据　　D. 机械

【参考答案】

C

## 4.2 人工智能发展对社会的影响

学习目标

- 了解人工智能对社会的影响，包含对文化、生活以及心理上的影响。

人工智能目前正处于爆炸式发展阶段，但是，正如任何一个事物的出现都有其两面性一样，对于人工智能的发展，不同的专家学者看法各不相同。

一些人认为人类能够制造出和人一样具有智能的机器人，而另一些人认为这是不可能的。同时，有一些专家学者认为人工智能会威胁人类文明，而与之相对的看法是人工智能研究的是智能机器，在解决问题方面它们会比人类做得更好，但不会获得人类的智慧，我们不必杞人忧天。

伴随着这些期待与焦虑，人工智能技术在我们生活中的应用领域不断扩大，对人类生活的方方面面产生了越来越大的影响。

### 4.2.1 人工智能在文化方面的影响

近些年，随着人工智能的发展，人们在写诗、绘画、创作文章、制作宣传图方面不断拓展人工智能应用技术。在推动应用技术的同时，如何定义人工智能在文化和艺术中的价值和意义，也是人们关注的焦点。

如图 4-8 所示，2022 年，世界人工智能大会在西岸艺术中心举行了本届大会的重要分论坛——“智艺相融、创新无界——人工智能与艺术创新国际论坛”。这是世界人工智能大会首次在艺术领域设置专门论坛集中探讨艺术与科技的融合发展。在这次论坛上，对人工智能制作的数字艺术进行了探讨，得出了一个重要共识——数字艺术不是传统艺术的数码化或者用数字工具绘制，而是提供算法，发挥计算机科学的力量，赋能产生新的规则，呈现出新的艺术形式，即数字艺术。

图 4-8

在《清明上河图》(图 4-9) 科技艺术沉浸特展上，策展人利用“人工智能 + 艺术”的方式，解读明代仇英参考宋代画家张择端绘制的《清明上河图》。在长达 25 米的超长全息屏幕上，使用全息人工智能动态投影技术，将参观者“投入”到图中，和画中人一起游览汴河的繁荣盛景。

在美国科罗拉多州博览会美术竞赛上，有一幅名为《太空歌剧院》的画作，战胜了诸多竞争对手拿到了一等奖，如图 4-10 所示。作者却说这幅画并不是他亲手画的，而是用人工智能绘画工具生成的。在使用该工具时，作者通过设置一个有创意的提示词，然后经过 900 多次迭代慢慢调整，比如添加“堂皇”“奢华”这样的关键词来优化整幅画。

图 4-9

图 4-10

## 4.2.2 人工智能在生活方面的影响

2017 年 7 月，国务院印发《新一代人工智能发展规划》，人工智能发展上升为国家发展战略。该规划指出，人工智能作为新一轮产业变革的核心驱动力，为我国发展注入新动能。

目前，人工智能技术已与教育、安全、金融、交通、医疗健康、家居、游戏娱乐等多个领域广泛结合，并且应用技术也愈来愈成熟。

在智慧教育领域，“人工智能＋教育”正在快速发展，对传统的教育理念、体系和模式掀起了一场革命。改变了教育环境、教育方式、教学管理模式以及师生关系等。

例如，通过使用图像识别技术的软件（见图 4-11），可以实现作业智能批改；使用语音识别技术，可以辅助教师进行英语发音测评，也可以帮助学生纠正、改进发音。

图 4-11

在无人驾驶（见图 4-12）方面，很多汽车厂家和互联网公司都推出了无人驾驶汽车以及研究计划。在我国深圳，自 2022 年 8 月 1 日起施行《深圳经济特区智能网联汽车管理条例》。这是国内首部关于智能网联汽车管理的法规，也意味着深圳成为首座对自动驾驶放行的城市。使用无人驾驶汽车可以防止人为原因的交通事故，同时使用人工智能控制交通，可以根据车流量和环境因素等数据调整交通，让城市运行更加畅通。

图 4-12

在智能家居方面，也在不断进行“人工智能 + 家居”的智能化升级。智能家居是以住宅为基础（见图 4-13），将与家居生活有关的各种家居用品通过连线或网络连接在一起，如智能灯、电动窗帘、智能扫地机、智能门锁、智能摄像头、智能空调、智能晾衣架等。通过人工智能技术加强家用电器的功能和联系，如通过指纹打开智能门锁后智能灯自动开启。此外，通过应用人工智能传感器技术，还可以保障用户自身和家庭的安全，自动推送预警提醒，如家中灯长时间未关闭，门锁或摄像头捕捉到异常后进行防盗警报。

图 4-13

## 4.2.3 人工智能在心理方面的影响

控制论之父维纳在他的名著《人有人的用处》中提到自动化技术和智能机器时警告人类："这些机器的趋势是要在所有层面上取代人类，而非只是用机器能源和力量取代人类的能源和力量。很显然，这种新的取代将对我们的生活产生深远影响。"

虽然维纳的警告还没有成为现实，但如《银翼杀手》《机械公敌》《西部世界》等文学、影视作品中的人工智能（见图 4-14）已经开始通过各种手段反抗，要求获得平等地位甚至要取代人类。

图 4-14

维纳的观念获得了许多人的赞同，这些人从心理上感受到了智能机器的威胁，担心如果机器也能像人类一样思考和创作，那么当这些智能机器的智能超越人类智能的时候，将会无法忍受人类的控制，并终将推翻人类社会。

**练一练**

以下属于人工智能在艺术方面的影响的是（　　）

A. 无人驾驶　　B. 指纹识别

C. 智能摄像头　　D. 进行绘画和音乐创作

【参考答案】

D

## 4.3 人工智能新的发展方向

小智，请你思考：机器在作出自己的判断时，是否需要先绕一个弯路，即将像一个人类一样思维，再去作出判断？

老师，听您这么一说，好像确实不需要。

人类的思维并不是完美的，如果用人工智能来解决问题，它根本不需要让自己经过人类思维这个中介，再去思考和解决问题。所以答案是否定的。

随着人工智能理论和技术的进步，人工智能的发展出现了第二条路径：智能增强，简单来说就是让机器拥有自己的思维。倘若机器能够思维，那么就可以让机器运用本身的思维方式来思考和解决问题，这就出现了机器学习的概念。

机器学习，即给机器提供海量的信息和数据，让机器从这些信息中提出自己的抽象观念。例如，在给机器浏览了上万张孔雀的图片之后，让机器从这些图片信息中自己提炼出关于孔雀的概念，如图 4-15 所示。

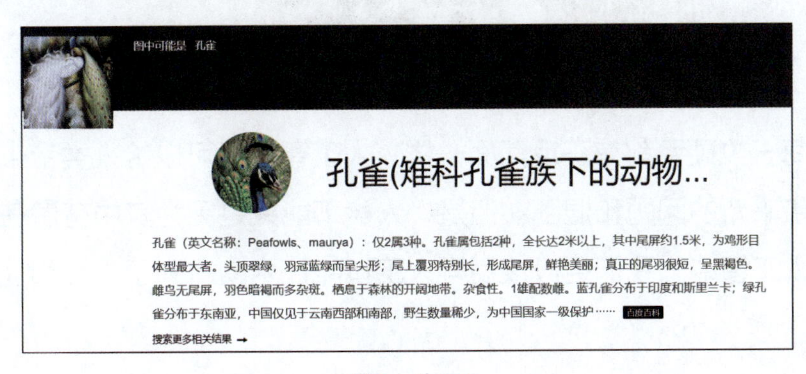


图 4-15

但是请注意，机器自己抽象出来的孔雀的概念，并不一定和人类得到的概念一致。一旦机器得出属于自己的概念和观念之后，其将会成为机器自身的思考方式的基础，且不依赖人的思维。

通过人与人工智能的“围棋大战”，如图 4-16 所示，我们已经看到了拥有机器思维的“棋手”与人类思维的棋手之间的差异。据与人工智能对弈之后的棋手说，在经历多次复盘之后，他们仍然无法理解人工智能是以何种思维来考虑走下一步棋的。

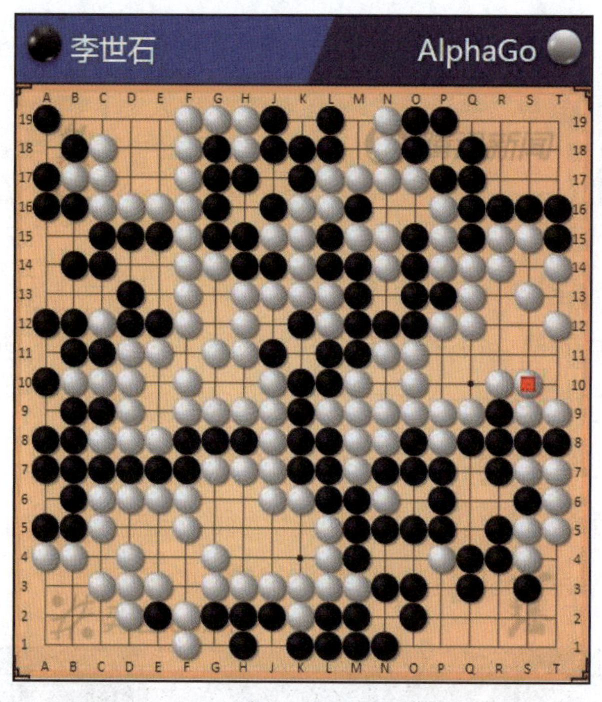


图 4-16

正如每一枚硬币都有正反两面一样，人工智能既可以给人类带来便利和幸福，也会带来新的问题和混乱。但是，人类不能只是因为其中有潜在的风险而停止研究人工智能，我们更应该引导人工智能技术向有利于人类和社会进步的方向发展。

## 练一练

人工智能对人类的发展是（　　）。

A. 绝对有益的　　B. 绝对有害的

C. 有潜在风险　　D. 没有任何帮助

## 【参考答案】

C

# 青少年编程能力等级 第5部分：人工智能编程二级部分节选

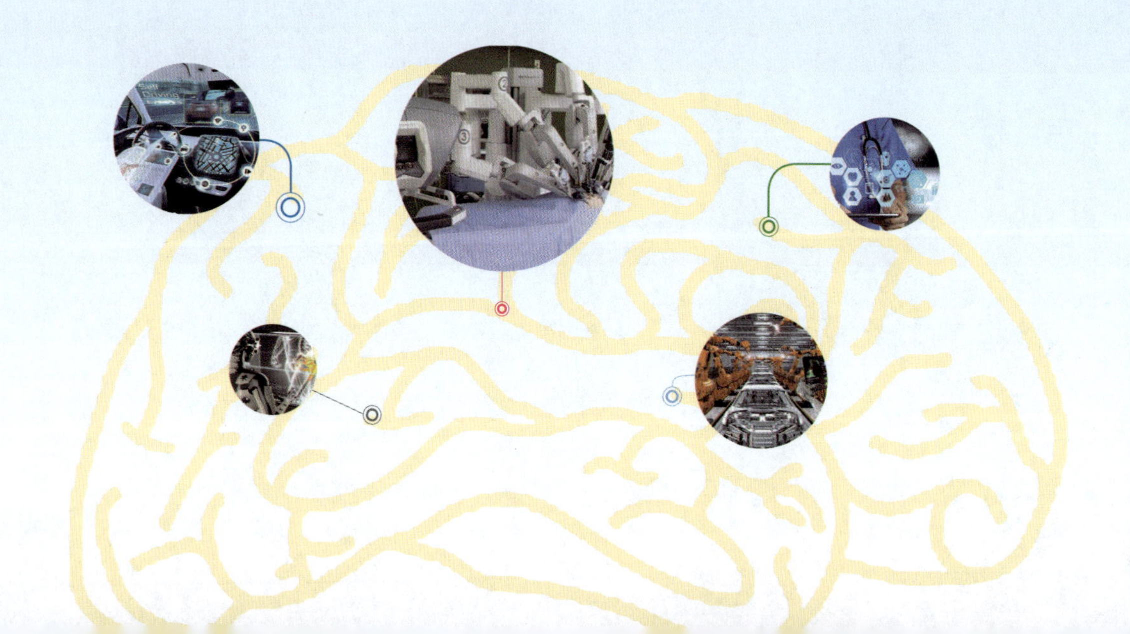

## A.1 范围

本文件规定了青少年人工智能编程能力的等级及其对应的能力要求。

本文件适用于青少年人工智能编程能力教学和测试。

## A.2 规范性引用文件

下列文件中的内容通过文中的规范性引用而构成本文件必不可少的条款。其中，注日期的引用文件，仅该日期对应的版本适用于本文件；不注日期的引用文件，其最新版本（包括所有的修改单）适用于本文件。

T/CERACU/AFCEC/SIA/CNYPA 100.1—2019 青少年编程能力等级 第 1 部分：图形化编程。

T/CERACU/AFCEC/SIA/CNYPA 100.2—2019 青少年编程能力等级 第 2 部分：Python 编程。

T/CERACU/AFCEC 100.3—2020 青少年编程能力等级 第 3 部分：机器人编程。

T/CERACU/AFCEC 100.4—2020 青少年编程能力等级 第 4 部分：C++ 编程。

## A.3 术语和定义

T/CERACU/AFCEC/SIA/CNYPA 100.1—2019、T/CERACU/AFCEC/SIA/CNYPA 100.2—2019、T/CERACU/AFCEC 100.3—2020、T/CERACU/AFCEC

100.4—2020 界定的以及下列术语和定义适用于本文件。

## 3.1 青少年人工智能编程

青少年人工智能编程（artificial intelligence programming for adolescents）为完成某种人工智能技术任务而进行的程序开发活动，包含人工智能应用和人工智能算法。本文件中所述“人工智能编程”，若未特别注明年龄段，皆指青少年人工智能编程。

注 1：编程中用的编程语言主要指 Python 和图形化编程语言。

注 2：本文件中所定义的人工智能编程不是指利用人工智能技术进行软件开发的活动。

## 3.2 人工智能编程平台

人工智能编程平台（artificial intelligence programming platform）包括人工智能图形化编程平台、人工智能硬件仿真编程平台和人工智能代码编程平台，具有硬件连接和硬件仿真能力。编程人员可在该平台上开发、调试和执行程序，基于人工智能应用案例，完成人工智能应用程序的设计、验证和应用。

## 3.3 人工智能硬件

人工智能硬件（artificial intelligence hardware）是在青少年人工智能编程教学活动中使用的硬件 / 硬件组件，配备微处理器，具有便捷性和可扩展性；能够进行数据采集与多媒体播放，下载图形化编程平台或代码编程平台，执行人工智能相关的软件包，完成人工智能应用程序的演示。

## 3.4 人工智能教学环境

人工智能教学环境（teaching environment for artificial intelligence）用于青少年人工智能教学的各类软硬件集合，包含人工智能编程平台（3.2 节）和人工智能硬件（3.3 节），以及教学和测试场所。

## A.4 人工智能编程能力的等级划分

本文件将青少年人工智能编程能力划分为 4 个等级，分别规定了相应的知识与能力要求，如表 A-1 所示。申请测试的对象应达到相应能力等级的综合要求，方可通过认证。

表 A-1　人工智能编程能力等级划分

| 等级 | 能力要求 | 解释说明 |
|---|---|---|
| 一级 | 了解人工智能基础知识，了解身边的人工智能应用；初步认识人工智能图形化编程平台 | 了解人工智能基础知识，具备基本编程逻辑思维；<br>了解身边的人工智能常见应用，并能够借助人工智能图形化编程平台与人工智能硬件完成人工智能应用的体验；<br>了解人工智能图形化编程平台中图形化编程界面组成及使用方法、编程的基础知识，程序的三种基本结构；<br>初步了解人工智能的发展历史、其与人类社会生活的关系，以及存在的风险 |
| 二级 | 掌握人工智能图形化编程平台的编程功能，理解语音识别和图像识别的技术及其应用，初步认识人工智能硬件，能实现简单的人工智能应用开发 | 掌握人工智能图形化编程平台和人工智能硬件的操作方法；<br>能够通过人工智能图形化编程平台体验人工智能应用示例，理解和应用语音识别和图像识别；<br>能够通过修改参数实现对示例的改编，完成人工智能应用程序的开发；<br>了解人工智能的历史、发展过程及其面临的挑战，感受人工智能对社会的影响 |
| 三级 | 了解人工智能教学环境中常用的输入与输出设备，初步认识神经网络模型；能基于适合的输入与输出设备设计具有相应功能的人工智能应用程序 | 了解人工智能教学环境中常用输入与输出设备的类型和作用；<br>掌握人工智能图形化编程平台中读取输入设备信息的方法；<br>掌握人工智能图形化编程平台中常用功能模块的使用方法；<br>能够通过人工智能图形化编程平台，体验自主训练神经网络模型的过程；<br>能够结合现实中的问题，选择适合的输入输出设备搭建场景，使用人工智能图形化编程平台，实现具有相应功能的人工智能应用程序；<br>了解人工智能对社会生活的正面影响和负面影响 |

续表

| 等级 | 能 力 要 求 | 解 释 说 明 |
|---|---|---|
| 四级 | 了解人工智能基础算法，能够基于示例完成神经网络算法的验证与改编，了解核心算法的基本概念 | 能够基于人工智能代码编程平台，运用 Python 语言实现人工智能应用程序的编写；<br>了解数据处理与算法思想，掌握人工智能核心算法概念，能够根据需求选择合适的算法；<br>了解人工智能编程平台中代码编程功能，熟悉人工智能功能指令库的调用和使用方法；<br>能够通过示例完成神经网络算法的验证与改编；<br>具有人工智能领域的安全意识，关注人工智能应用中的伦理问题 |

## A.5 二级核心知识点及能力要求

### 5.1 总体要求

在一级的能力要求基础上：

——进一步熟悉人工智能图形化编程平台的操作方法；

——能够通过人工智能编程平台，体验和了解已有的人工智能运用在语音识别、图像识别的案例；

——会通过修改参数实现示例程序的改编，完成简单的人工智能应用程序的开发。

### 5.2 核心知识点与能力要求

青少年编程能力人工智能编程二级包括 10 个核心知识点及对应的能力要求，具体说明如表 A-2 所示。

表 A-2 二级核心知识点与能力要求

| 编号 | 知识点名称 | 能 力 要 求 |
|---|---|---|
| 1 | 人工智能的基础知识 | — |

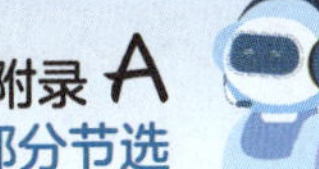

续表

| 编号 | 知识点名称 | 能 力 要 求 |
|---|---|---|
| 1.1 | 人工智能三要素 | 人工智能三要素（数据、算法、算力）的定义及其主要内容；能够辨别身边的事物中人工智能三要素及其作用 |
| 1.2 | 语音识别和图像识别 | 能够说出语音识别和图像识别的定义；<br>能够举例说明语音识别与图像识别在生活中的应用场景及其功能；<br>能够分析某项功能或某种产品使用语音识别或图像识别的原因 |
| 1.3 | 人工智能和人类智能 | 能够说出“人的大脑”组成结构，解释人脑中人类智能的产生过程；<br>能够解释人的感官与计算机传感器的异同；<br>能够解释人的感知过程和计算机的感知过程的异同 |
| 2 | 人工智能编程 | — |
| 2.1 | 人工智能语音识别指令 | 掌握人工智能图形化编程平台中语音识别功能的调用接口和使用方法；<br>能够根据任务要求,在图形化编程中使用人工智能语音识别指令（如声音控制类指令、唤醒词类指令、文字朗读类指令、语音识别类指令），完成简单的人工智能应用程序的开发 |
| 2.2 | 人工智能图像识别指令 | 掌握人工智能图形化编程平台中图像识别功能的调用接口和使用方法；<br>能够根据任务要求，在图形化编程中使用图像识别指令（如数字识别指令、形状识别指令、表情识别指令、物体类别指令、图标识别指令），完成简单的人工智能应用程序的开发 |
| 2.3 | 人工智能硬件控制 | 了解语音与图像应用相关的硬件组件，会运用人工智能图形化编程平台控制人工智能硬件，包括但不限于摄像头、麦克风、扬声器、显示屏 |
| 3 | 人工智能典型应用 | — |
| 3.1 | 人工智能行业应用 | 了解语音识别和图像识别在生活中的应用情况（如智能家居、智能校园、智能物流、智能交通、智能制造、智能医疗），能够列举出具体的应用案例，并对其中的原理进行说明 |
| 3.2 | 设计人工智能程序 | 能够基于人工智能编程平台以及人工智能硬件，独立编写具有一定实用性的简单人工智能应用程序 |
| 4 | 人工智能发展与挑战 | — |
| 4.1 | 人工智能的发展 | 了解人工智能的定义，了解人工智能的诞生和发展历程，能够辩证的看待机器是否足够智能的问题 |
| 4.2 | 人工智能对社会的影响 | 了解人工智能对社会的影响，包含文化、生活、经济、社会结构、思维方式与观念和心理上的影响 |

# 全国青少年编程能力等级考试（PAAT）人工智能二级样题

（考试时间 90 分钟，满分 100 分）

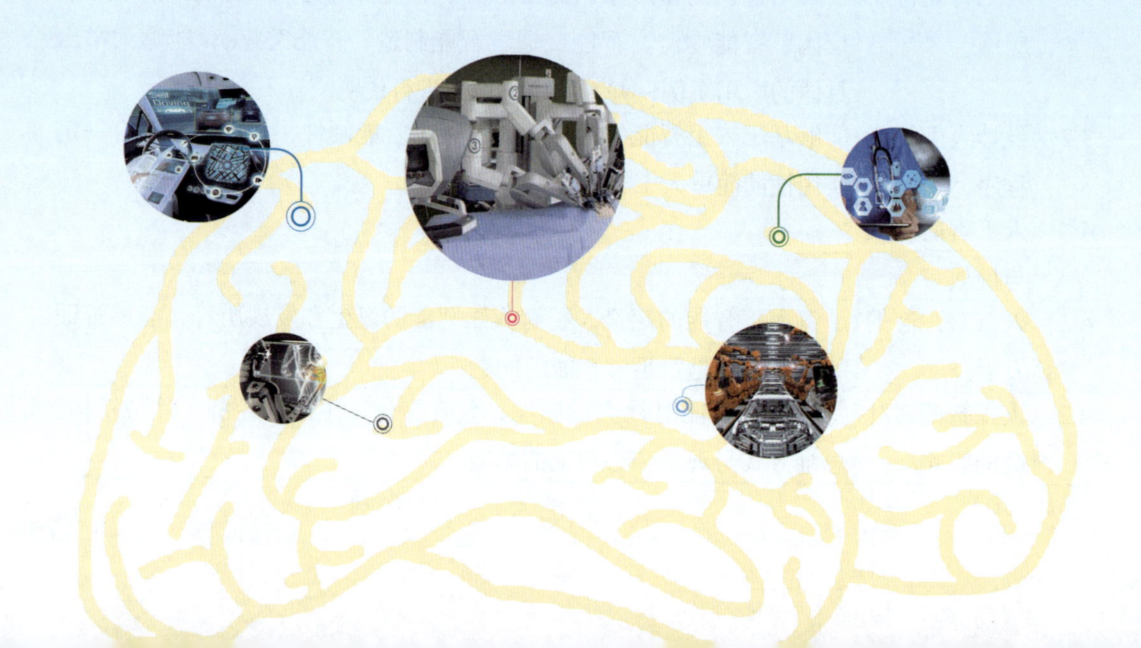

## 第一部分　单项选择题

本部分共 20 题，每题 3 分，共 60 分，完成时间 40 分钟。

AI　2_1. 测试者与被测试者（一个人和一台机器）隔开的情况下，通过一些装置（如键盘）向被测试者随意提问。多次测试，如果有超过 30% 的测试者不能确定被测试者是人还是机器，那么这台机器就通过了测试，并被认为具有人类智能。以上这段文字描述的是（　　）。

A. 计算机原理测试　　　　B. 图灵测试

C. 麦卡西测试　　　　　　D. 算法的原理

AI　2_2. 想要实现角色在舞台上持续运动，用到的是下列（　　）程序结构。

A.

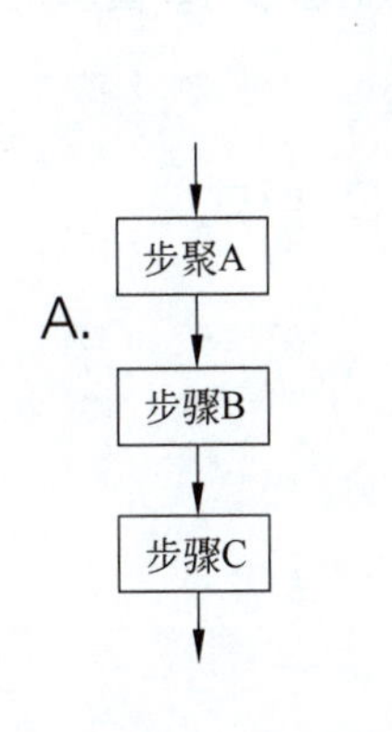


B.

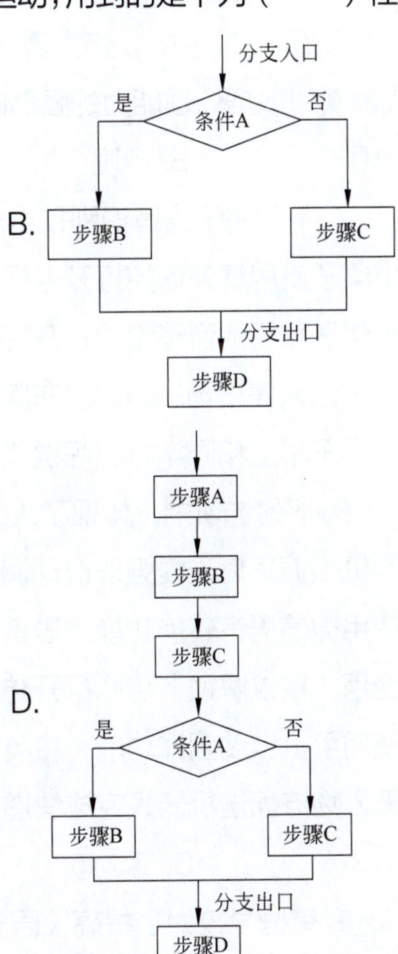


C.

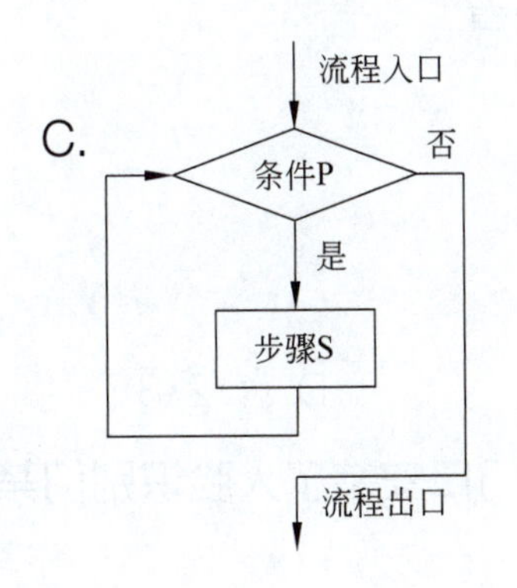


D.

AI　2_3. 图像、图形识别系统属于的技术类型是（　　）。

A. 计算机视觉　　B. 机器人视觉　　C. 神经网络　　D. 语言识别

AI　2_4. 若将计算机比喻为人的大脑，则下列传感器应用场景与人体器官对应关系不恰当的是（　　）。

A. 太阳能草坪灯—眼睛　　B. 楼道中声控灯—耳朵

C. 烟雾浓度警报—鼻子　　D. 手机指纹解锁—舌头

AI　2_5. 在训练 AI 的识别手写数字的能力时，必须要有很多写了数字的图片，同时每张图片上的数字是有准确标准答案的，经过反复的训练调整，AI 就可以非常准确地识别出其中的数字。这里“很多写了数字的图片”其实就是用于训练 AI 的（　　）。

A. 算力　　B. 算法　　C. 数据　　D. 本源

AI　2_6. 在 AI 技术中，作为算法和数据的基础设施，能够支撑着算法和数据且代表着对数据处理能力的强弱的是（　　）。

A. 电压　　B. 电阻　　C. 算力　　D. 算式

AI　2_7. 下列属于语音识别技术应用的是（　　）。

A. 小栗子使用红外遥控打开电视器

B. 小栗子和智能音箱说“打开空调”

C. 汽车出入停车场拍照记录车牌号

D. 小栗子早上和同学打招呼说“早上好”

AI　2_8. 下列选项中，体现了人工智能技术的有（　　）。

① 手机根据环境光线强弱自动调节屏幕亮度

② 使用微信语音转换功能将语音转换成文本信息

③ 使用“指纹解锁”功能打开防盗门锁

④ 使用手机自动翻译功能，将英文翻译成中文

⑤ 无人物流配送机器人完成快递配送

A. ①③⑤　　B. ②③⑤　　C. ②④⑤　　D. ①②③

AI　2_9. 有些学校为了提高校园安全性，在大门口安装了人脸识别门禁系

统，这是属于（　　）人工智能应用。

A. 自然语言处理　B. 语音识别　C. 图像识别　D. 机器翻译

AI　2_10. 1956 年一场会议足足开了两个月的时间，虽然大家没有达成普遍的共识，但是却为会议讨论的内容起了一个名字：人工智能，因此，1956 年也就成为人工智能元年。这场会议被称为（　　）。

A. 上海人工智能大会　B. 全球人工智能技术大会

C. 达特茅斯会议　D. 国际人工智能联合会议

AI　2_11. 执行下列程序，程序运行后说的内容是（　　）。

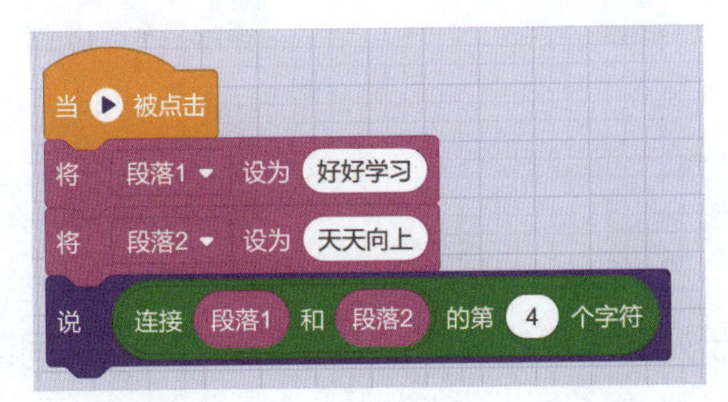


A. 好　B. 习　C. 天　D. 上

AI　2_12. 在与智能音箱交流时，通过语音控制音量的大小，这主要应用到了人工智能的（　　）。

A. 关键字朗读　B. 语音识别　C. 音频播放　D. 文字识别

AI　2_13. 自然语言处理是人工智能的重要应用领域，下列不是它要实现的目标为（　　）。

A. 理解别人讲的话

B. 欣赏音乐

C. 对自然语言表示的信息进行分析概括或编辑

D. 机器翻译

AI　2_14. 小明设计程序时用到了克隆指令，可能会出现以下（　　）的可能。

A. 舞台上出现多个角色　B. 程序无法运行

C. 程序无法保存　D. 程序中的侦测指令无法使用

AI　2_15. 小明设计程序时用到了克隆指令，随着程序的运行，程序运行的速度越来越慢，甚至角色也出现卡顿，请问下面选项中最有可能原因是（　　）。

A. 克隆指令放在了重复循环中　　B. 程序没有使用判断语句

C. 电脑网速慢　　D. 程序中的顺序结构过多

AI　2_16. 以下选项中，能够正确识别水果的类别并说出的是（　　）。

A.

B.

C.

D.

AI　2_17. 对于如图所示的脚本，若按下按钮能识别词语“蝴蝶”并朗读出来，则①处应填入的指令是（　　）。

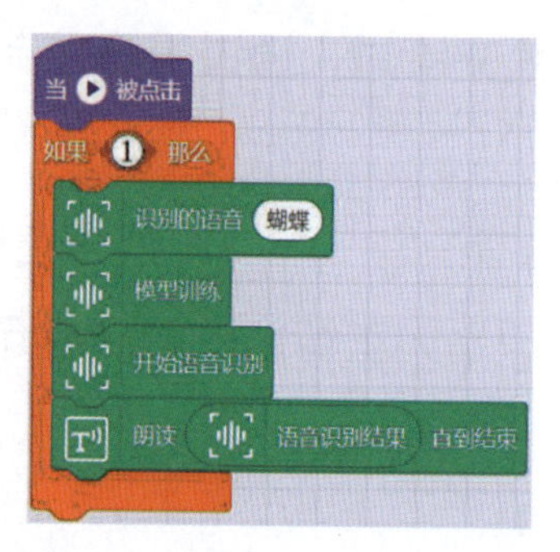


A. 蝴蝶 包含 h ?

B. 蝴蝶 的第 1 个字符 = h

C. 蝴蝶 包含 h ? 或 蝴蝶 包含 蝴 ?

D. 蝴蝶 的字符数 > 2

AI　2_18. 下列脚本中，能够实现通过图像识别功能识别“马”的照片，识别成功后让点阵 LED 灯从图中的笑脸图标变化到显示字符串“Horse”并听到 Horse 声音的是（　　）。

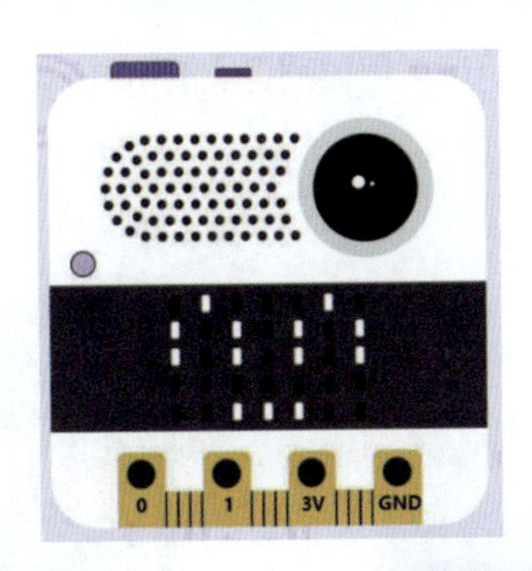


A.

B. 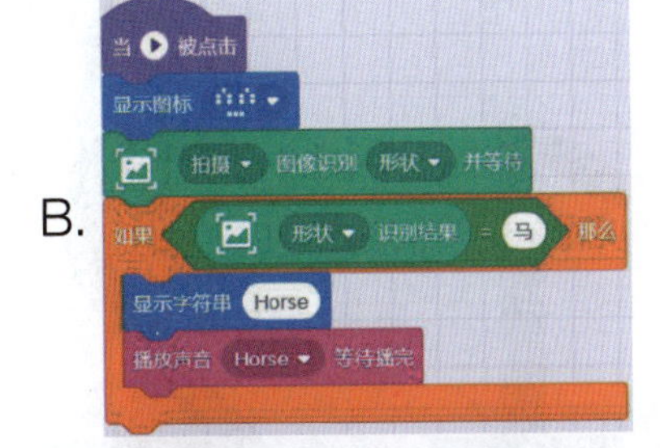


C. 

D.

AI 2_19. 下列对如图所示脚本的叙述中，正确的是（　　）。

A. 属于语音识别应用，当识别到“电池”时，会朗读“这是有害垃圾”并显示字符串“RED”。

B. 属于图像识别应用，当识别到“饼干”时，会朗读“这是厨余垃圾”并显示字符串“GREEN”。

C. 属于图像识别应用，当识别到“电池”时，会朗读“这是厨余垃圾”并显示字符串“BLACK”。

D. 属于语音识别应用，当识别到“这是其他垃圾”时，会朗读“口罩”并显示字符串“BLACK”。

AI 2_20. 图 1、图 2 为两次图像识别的内容，执行如图 3 所示的脚本后，LED 屏幕显示的内容依次是（ ）。

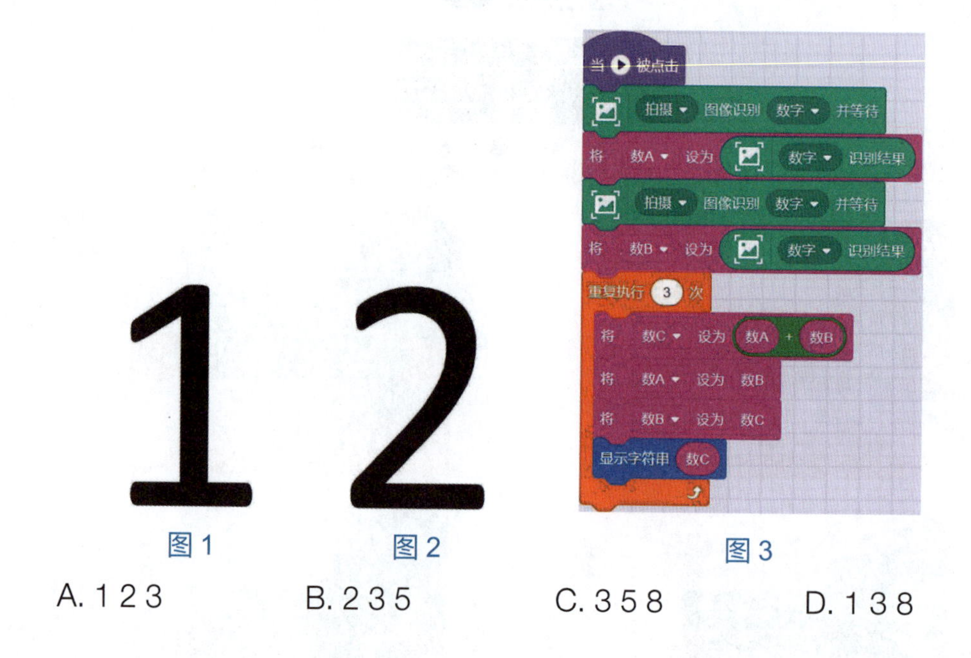


图 1　　图 2　　图 3

A. 1 2 3　　B. 2 3 5　　C. 3 5 8　　D. 1 3 8

## 第二部分　操　作　题

本部分共 1 题，共 40 分，完成时间 50 分钟。

AI 1_21. 按下列要求完成相应操作：某宠物用品公司推出智能宠物食盆，能够有效地避免猫和狗的混食（猫粮与狗粮中含有的营养物质不同）。编写程序实现智能宠物食盆的程序：当按钮按下后，通过自动进行图像识别拍照，如果识别结果是猫，则发出声音朗读“喵，已投放猫粮”；如果是狗，则发出声音朗读“汪，已投放狗粮”；当猫粮或狗粮投放次数达到 10 时，发出提示音“猫粮存量较少，请及时补充”或“狗粮存量较少，请及时补充”提示音，每 5 秒提示一次。

# 附录 C

# 人工智能二级（样题）参考答案

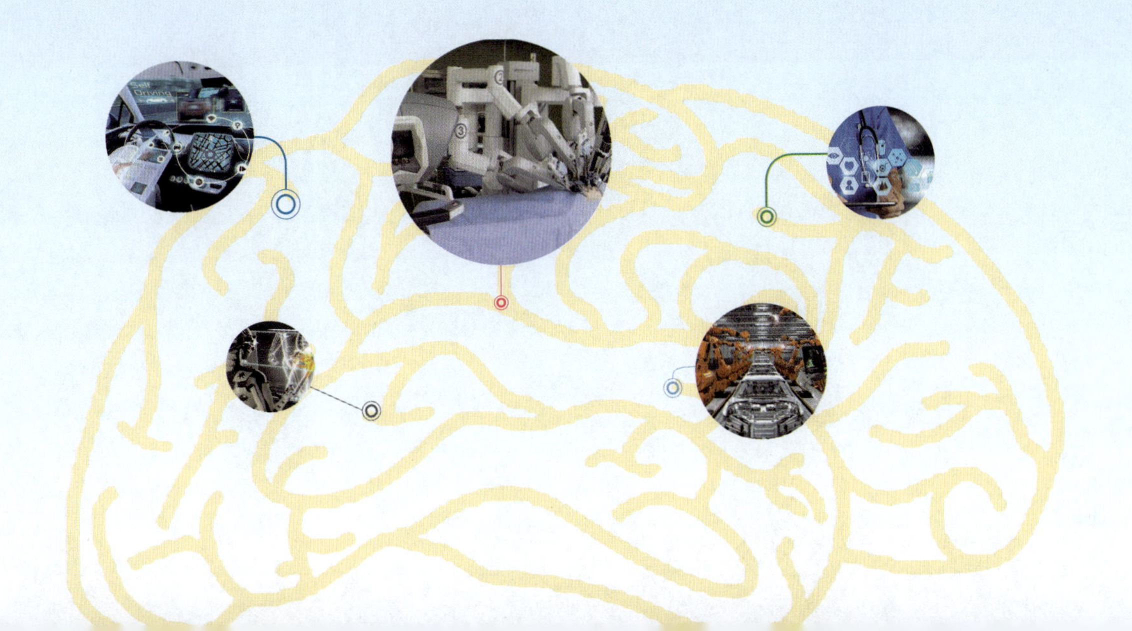

## 一、单项选择题（共 20 题，每题 3 分，共 60 分）

| 题号 | 1 | 2 | 3 | 4 | 5 | 6 | 7 | 8 | 9 | 10 |
|---|---|---|---|---|---|---|---|---|---|---|
| 答案 | B | C | A | D | A | C | B | C | C | C |
| 题号 | 11 | 12 | 13 | 14 | 15 | 16 | 17 | 18 | 19 | 20 |
| 答案 | B | B | B | A | A | B | C | A | A | C |

## 二、操作题（共 1 题，共 40 分）

AI　2_21. 示例程序

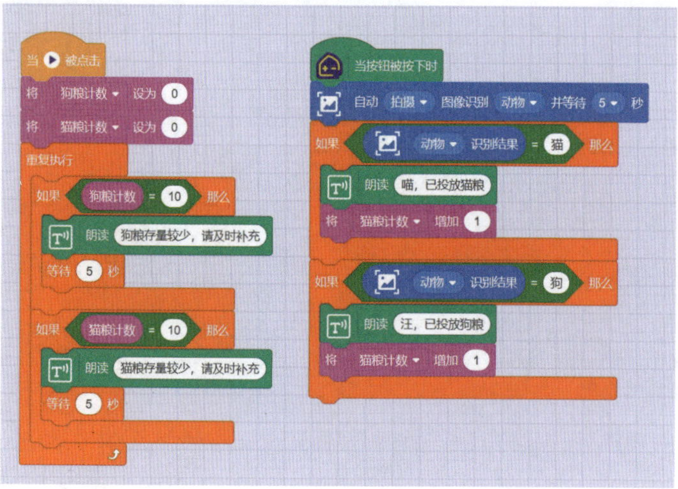